创饰技

创新首饰与综合材料

JEWELRY MAKING HANDBOOK

CREATIVE JEWELRY AND

COMPOSITE MATERIALS

谢白 编著

XIE BAI

清华大学出版社

北京

图书在版编目（CIP）数据

创饰技：创新首饰与综合材料 / 谢白编著 . —北京：清华大学出版社，2022.7
ISBN 978-7-302-53249-1

Ⅰ．①创…　Ⅱ．①谢…　Ⅲ．①首饰—制作　Ⅳ．① TS934.3

中国版本图书馆 CIP 数据核字 (2019) 第 134517 号

责任编辑：王佳爽
封面设计：谢　白　白金生
插图设计：谢　白
版式设计：方加青
责任校对：王凤芝
责任印制：杨　艳

出版发行：清华大学出版社
　　　　　网　　　址：http://www.tup.com.cn，http://www.wqbook.com
　　　　　地　　　址：北京清华大学学研大厦 A 座　　　　　　邮　　编：100084
　　　　　社 总 机：010-83470000　　　　　　　　　　　　邮　　购：010-62786544
　　　　　投稿与读者服务：010-62776969，c-service@tup.tsinghua.edu.cn
　　　　　质 量 反 馈：010-62772015，zhiliang@tup.tsinghua.edu.cn
印 装 者：小森印刷（北京）有限公司
经　　销：全国新华书店
开　　本：185mm×260mm　　　　　**印　　张：**12.5　　　　　**字　　数：**159 千字
版　　次：2022 年 8 月第 1 版　　　　**印　　次：**2022 年 8 月第 1 次印刷
定　　价：69.80 元

产品编号：074961-01

寄　语

　　近年来"首饰艺术与设计"备受国人的关注与青睐，面对该领域格局多元、良莠混杂的势态，研究者、创造者对首饰的思考应当越发明晰。俗话说"根深才能叶茂"，无论时代如何变迁，设计师、艺术家做事的态度方法是否贴近事物本质，始终是决定事物品质高下的不二法门。良好的思辨力与精准的表现力，更是我们能够建立不同特质并与他人得以顺畅交流的通道。

滕菲

中央美术学院教授、博士生导师

中央美术学院首饰专业学术主任

自　序

当代语境下的"创饰技"与"工匠精神"

　　从古至今，一枚小小的首饰中往往镌刻着人类文明、民族审美，以及思想意识的变迁。从原始时期图腾崇拜的兽牙海贝，到商周时期遵"礼"制度的玉饰，唐朝团花盛放的卷草纹金饰，至宋代雅致温和的鲜花头饰，以及明清时期金银累丝的非凡工艺……首饰从造型、材质及佩戴方式无不体现出各个朝代经济文化的发展风貌。首饰"以小见大"的艺术形式也寄托了佩戴者对其功能性的需求，既可以单纯地装饰外貌，也可以蕴含宗教崇拜或是成为财富与权力的象征。

　　当代社会文化具有平等、多元、包容、创新的特点，在这些特点影响下，首饰艺术的创作类型更加丰富，除了传统的商业用途，许多艺术家也将首饰作为媒介，融入个人的观点、情绪、思想、文化等，传达自己的艺术理念，突出首饰的观念性和实验性特征。材料运用方面，当代首饰创作不仅局限于传统的贵金属及宝玉石，很多廉价材料、有机材料以及仿制品、现成品、创新科技材质乃至 AI 虚拟设定都可成为首饰设计的灵感源泉。材料应服务于作品，能够恰当呈现创作理念的材料才是最佳选择。同样，大众对首饰的需求和理解也更加个性化、私人化。现今，传统商业类首饰已不能完全满足人们需求，其他类型的首饰逐渐进入大众视野，如定制类首饰、实验艺术首饰、交互首饰、虚拟首饰等。所以，当代首饰的发展，不论从款式、材质、佩戴方式及功能性等方面，都有较大突破而且更加包容。

　　2016 年夏，当我接到清华大学出版社约稿的时候，脑海中顷刻闪现出"创饰技"三个字，最终也成为这套首饰艺术与教育丛书的总称。"创"代表了创造、创作、创新，"饰"代表了首饰、装饰、修饰，"技"代表了技术、技艺、技巧，"以创造的情怀学习首饰的文化与技术，以创作的灵动展现首饰的哲思与技艺，以创新的思想探索首饰的技巧与未来，以'工匠精神'敬业、精益、专注、创新等思想为本，心手合一感受首饰艺术的魅力"。"创饰技"系列丛书将毫无保留地为大家呈现我自 2009 年至今 13 年来积累下的关于首饰文化、历史、制作工艺等多方面的研究精华，希望更多的读者能够关注首饰、了解首饰、创作首饰。

丛书共四本，分别为《创饰技　串回 Vintage 的时光》《创饰技　金属首饰的制作奥秘》《创饰技　首饰翻模与塑型之道》《创饰技　创新首饰与综合材料》，内容涵盖了首饰的概念、历史、设计、材料、工艺、技术等多方面的知识与案例，层层递进地为大众全面展现了首饰的文化历史、基础知识、工艺技法、人文思想等。

其中《创饰技　串回 Vintage 的时光》是一本讲述 Vintage 古董首饰历史以及复古风格首饰设计制作的书籍。第一章，通过对 Vintage 艺术文化介绍、古董首饰赏析，将读者引入典雅怀旧的美丽时光；第二章，详细介绍复古风格首饰设计制作所需的材料、工具以及使用方法；第三章，通过丰富有趣的复古首饰制作案例，将首饰的审美定位、设计思路、工艺步骤进行详细讲授和示范，读者可依据示范技法进行操作实践；第四章，展示多种复古意境风格的首饰作品，开拓设计思路；第五章，讲述 Vintage 饰物的收藏指南、首饰保养事项等。

第二本书为《创饰技　金属首饰的制作奥秘》，是一本关于金属首饰设计与工艺制作的科普类手工艺术教程。第一章，讲述首饰家族常用金属的物理、化学性质；第二章，带领读者认识金属首饰制作所需的各种工具；第三章，详细讲解金属制作基础工艺并进行操作示范；第四章，通过趣味首饰制作案例，为大家示范多种金属表面工艺处理技法；第五章，对金属工艺制作的安全健康操作事项进行讲述。

第三本书为《创饰技　首饰翻模与塑型之道》，是一本关于首饰起版、模具制作、浇铸成型、3D 建模等工艺的制作类教程。第一章，详细讲解首饰常用的成型浇铸工艺，并分类进行铸造流程示范；第二章，对首饰蜡模塑型工艺进行全面解析，并介绍各类首饰用蜡的特性，同时对传统蜡雕、蜡水成型、软蜡塑型、3D 成型等工艺进行制作示范；第三章，介绍首饰模具制作工艺，选取橡胶、硅胶模具制作工艺进行操作示范。

最后一本书为《创饰技　创新首饰与综合材料》，是关于当代首饰艺术认知、赏析以及运用综合材料进行首饰制作的书籍。第一章，讲述首饰从古至今概念的演变，综合材料在当代首饰艺术中的运用方式、艺术风格，以及中国当代首饰艺术作品赏析；第二章，详细介绍综合材料首饰制作运用的工具、材料等；第三章，选取硅胶、树脂、软陶、木材等综合材料进行首饰设计制作的工艺示范。

以上是"创饰技"每本书的精华介绍，丛书图文并茂，读者通过阅读可了解首饰文化的历史发展以及概念与类别等基础知识，欣赏 Vintage 古董首饰的魅力，掌握金属工艺首饰的制作流程以及塑型、翻模等工艺的基础技法，探索更多非传统的综合材料，学习综合材料首饰的制作方法，增强手工技巧，提高对首饰艺术的审美认知，更加深刻地理解首饰艺术与设计的思想内核，最终创作出属于自己风格的首饰。自己创造的首饰，可以无关品牌效应、摒弃材料价值、隐匿财富地位，蕴含更多自我的情感寄托和思想观念。同时，个人手工制作独一无二的表现力，也会增强作品的专属感，或许是最佳的艺术呈现手法。

在中国传统文化中，工匠是对手工艺人的称呼，工匠们通常从小学徒，以其毕生精力献身于各自的工艺领域，为中华文明留下灿烂的篇章。工匠们按照技艺分为"九佬十八匠"，其中十八匠按其顺次有口诀为"金银铜铁锡，岩木雕瓦漆，篾伞染解皮，剃头弹花晶"，排在前五位的便是制作各类金属的工匠，其中金匠、银匠指的就是制作金银器皿、首饰及其他制品的手艺人。

技术工艺的发展体现着人类的文明状态，反映了当时的科技水平。首饰的演变与科技的发展同样有着密不可分的关系，是当时科学技术、生活方式、文化艺术、精神诉求相结合的典范。在古代，科技的进步推动了矿石开采、冶金锻造、硬物切割、铸造翻模、宝石镶嵌等工艺的发展，首饰制作逐渐得到更多的技术支持。科技发展同时也推动了社会文明的进步，人们对物品的需求从单纯的实用性能逐渐叠加了装饰性、情感寄托功能等。在新石器时代，人类采用当时先进的打磨、雕刻工艺制作用于固定头发的石笄、骨笄等，以现在的审美来看，大部分发笄仅具备实用性能；到了唐、宋、明、清等时期，随着科技的发展与文明的进步，人们对于首饰的需求更加复杂化，在满足实用性能的同时，还需要制作工艺精致、装饰效果美丽。在精神诉求方面，首饰逐渐承载了礼仪、身份、财富、美好祝福等人文礼思，如宋朝宫廷有"簪花""谢花""赐花"等礼仪，材质名贵的首饰也是古人身份、地位、财富的象征，"长命锁"类的首饰承载着父母对孩子健康成长的美好祝福等，反映了当时社会人们的生活需求与情感状态。

随着工业革命的进程，现代工艺从手工艺发展到机械技术工艺，人工智能、计算机、新能源、材料学、医学等在近几十年内得到迅猛发展，如今智能技术工艺时代已然开启。科技的全面革新颠覆了人类固有的生活状态，新的改变伴随着新的需求，人们的审美情趣、精神诉求、生活方式必然会发生巨大的变化。在这样的时代背景下，未来大众对物品的选择也会趋向智能化。科技的大幅度前进同样会影响首饰发展的动向，未来首饰在形态、性能、佩戴方式与观念表达等多方面都会因此发生革命性的改变，如外观形态将会更贴近佩戴者的需求，佩戴方式与范围更加多样多变，人文关怀与精神诉求也会更为精细化与私人化。运用科学技术帮助人类解决问题，开展智能首饰的研究，也是首饰学科、行业发展的趋向。然而，不管是对传统技艺的传承推广还是对未来科技的探索发展，势必需要教师、学生以及广大从业者们励精图治，以精益求精的状态、持之以恒的信念、勇于创新的精神，怀揣"大国工匠"的广阔心境为首饰学科、行业的发展积极奉献力量。

　　"创饰技"系列丛书从约稿至今，已经历了 6 个春夏秋冬，从大纲的提炼到文字框架的搭建，从国内艺术家到国外设计师的层层对接，从制作流程的逐一拍摄到案例图片的精挑细修，从内页排版到封面、插图绘制，从初稿校对到终稿完成，每一个环节都秉承着修己以敬、精益求精、坚韧执着、突破创新的"工匠精神"完成。由于对书籍的高标准要求，本人投入了大量的时间与精力，6 年来几乎将所有的私人时间、寒暑假都用于书籍的撰写，长时间的操劳也导致本人患上腰疾，无法长久坐立，丛书约有一半内容是趴在床上完成的。同时，深深感谢为本套丛书编辑出版提供帮助的各位师长、艺术家、手工艺人们以及编辑出版团队的老师们，希望以匠心铸就的"创饰技"丛书能够使首饰专业的学生系统扎实地掌握首饰技法与知识，提高首饰爱好者的审美情趣与动手能力，使专业人士迸发新的灵感，向大众开启一扇通往首饰艺术世界的大门，成为具有专业品牌效应的优秀首饰艺术教育丛书。

谢白

2022 年 4 月于北京

目 录

第 1 章
走进饰界

1.1　首饰的缘起

　　人类佩戴首饰的历史起缘于何时，一直难以被精确考证。2015 年克罗地亚自然历史博物馆馆长、人类学家达沃尔卡·拉多夫契奇发现，尼安德特人[1] 在 13 万年前就使用鹰爪制作了人类最早的首饰，而这个时期，欧洲大陆尚未出现现代人类。这组化石其实在 1899 年就已被克罗地亚古生物学家德拉古廷·戈里扬诺维奇·克兰贝格尔发现，时隔一百多年之后，专家组再次对克拉皮纳的尼安德特人遗址中的所有鹰爪化石展开研究，在 8 件化石上发现了人类留下的切割、打磨痕迹，并发现化石上存有暴露于酸性环境中（如人类汗液）留下的痕迹，由此推测尼安德特人可能曾将它们串在一起制作成项链和手镯等饰品。而在此之前，人们一直认为人类最早的首饰是智人[2] 在 10 万年前制造的。所以随着考古的不断发现，首饰缘起的时间或许会再次改变。

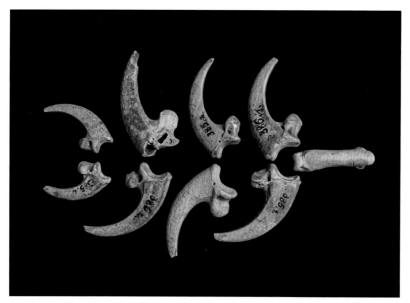

■　约 13 万年前由尼安德特人制作的白尾海雕鹰爪化石装饰品

我国发现最早的首饰，目前应该是北京周口店出土的山顶洞人[3]项链。考古学家贾兰坡先生曾在《"北京"的故居》一文中谈到，山顶洞人的"装饰品中有钻孔的小砾石、钻孔的石珠、穿孔的狐獾或鹿的犬齿、刻沟的骨管、穿孔的海蚶壳和钻孔的青鱼眼上骨等。所有的装饰品都相当精致。小砾石的装饰品是用微绿色的火成岩从两面对钻成的，选择的砾石很周正，颇像现代妇女胸前佩戴的鸡心。小石砾是用白色的小石灰岩块磨成的。中间有小孔。穿孔的牙齿是齿根的两侧对挖通齿腔而成的。所有装饰品的穿孔，几乎都是红色，好像是它们的穿戴都用赤铁矿染过"。

■ 北京周口店"山顶洞人项链"，由钻孔的砾石、兽牙、鱼骨、蛤壳等组成，表面留有赤铁矿染成红的痕迹

在旧石器时代，这些被打孔的石头、贝壳、骨牙等物品，是人类早期"首饰"的雏形。考古认为，首饰最早的出现与部落图腾崇拜、祭祀、护身、计事、计数等有关，同样也伴有原始人类对身体装饰的渴望以及展示自身力量的愿望。

■ 曲体玉龙，高 4.4cm、宽 3.8cm、厚 1.1cm，旧石器时代

到了新石器时代，出土的文物中出现了更多的装饰品。在距今 7000 年前的河姆渡文化考古中发现了多种用玉石等材质制作的装饰品；约 5000 年前，古人就开始使用玛瑙、珍珠、松石等珠宝玉石制成珠串、手饰、项饰等。由于工具制造的发展，这些首饰大都经过各种切割、打磨、钻孔等制作，且具有较好的审美水平。

■ 红山文化，玉龙，高 26cm，新石器时代

注释

[1] 尼安德特人：尼安德特人学名 *Homo neanderthalens*，是一群生存于旧石器时代的史前人类。尼安德特人头骨化石最初在 1829 年发现于比利时，1856 年在德国的尼安德山谷中的一个山洞发现了头盖骨和其他骨骼，从此被命名为尼安德特人。距今考察，尼安德特人至少在 23 万年前就已经出现，曾分布在欧洲、西亚、中亚、北非等地区，约在 3 万年前灭绝。

[2] 智人：智人学名 *Homo sapiens*，是一群生存于旧石器时代的史前人类，是人属下的唯一现存物种。生活在距今 25 万年至 4 万年前。按人类发展分为早期智人和晚期智人两个阶段，早期智人又称古人，晚期智人则称新人。人类单地起源说主张智人源于非洲，在距今大约 5 万年到 10 万年间迁移出非洲，取代了亚洲的直立人和欧洲的尼安德特人。

[3] 山顶洞人：中国华北地区旧石器时代晚期的人类化石，属晚期智人。1930 年在对周口店北京猿人遗址堆积物的清理过程中，于龙骨山顶部发现了一个新的洞口，因此称其为"山顶洞"。山顶洞文化年代应距今 2.7 万年左右至 3.4 万年之间。1933 年至 1934 年间，由中国地质调查所的裴文中主持对该洞穴进行了系统发掘，其中发现装饰品共 141 件，穿孔的小砾石 1 件，各类穿孔兽牙 125 件，狐狸的上下犬齿 29 枚，鹿的上下犬齿和门齿 29 枚，野狸上、下犬齿 17 枚，鼬的犬齿 2 枚，虎的门齿 1 枚，还有 2 枚残牙可能是狐狸或鼬的；穿孔海蚶壳 3 个，钻孔的青鱼眶上骨 1 件，有刻道的骨管 4 件和石珠 7 件。

1.2　首饰的概念

　　我们在学习首饰设计制作的时候，经常会思考：什么样的物品会被称之为"首饰"？首饰的基本概念是什么？金属工艺大师 Oppi A.J. Untracht 认为首饰是一种轻便的、具有观赏性的、能被穿戴的并且与身体有着密切关系的艺术。从这句话中来看，一件物品能否被定义为首饰，其中重要的一点是该物品是否具有"可穿戴"的功能性。如一支设计精美具有装饰性的笔，我们用它细长的笔杆部分代替发簪佩戴在头上，请问，此时这支笔，是被定义为"笔"还是"首饰"呢？带着这个问题，我们在此思考首饰的概念该怎样阐述和定义。

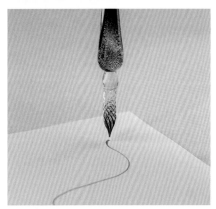

■　发簪笔，兼具书写功能和盘发功能　　　　■　"一丈青"，发簪、发钗，顶部设有耳挖功能

随着人类文明发展至今，首饰艺术的概念范围也逐渐扩大。我们可以从古代概念、传统概念、广义概念三大角度进行探讨。

1.2.1 古代概念

《汉书》中"珠珥在耳，首饰犹存"中的"首饰"一词指的就是头上的饰物。到了汉代末年，刘熙载《释名·释首饰》中说"凡冠冕、簪钗、镜梳、脂粉为首饰"，首饰的含义有所扩展，但基本还是指装饰头部范围的饰品。宋代时期，孟元老在《东京梦华录》卷三中记载"皆诸寺师姑卖绣作、领抹、花朵、珠翠头面、生色销金花样幞头帽子、特髻冠子、绦线之类"，这里的"珠翠头面"指的就是珍珠玉石制作的首饰，宋代的"头面店"就是售卖首饰的店铺。之后的元、明、清等朝代，也称首饰为"头面"。

所以，在中国古代首饰的概念可以总结为"佩戴、装饰于头部的饰物"，如梳、簪、钗、冠等，都是常见的古代首饰。

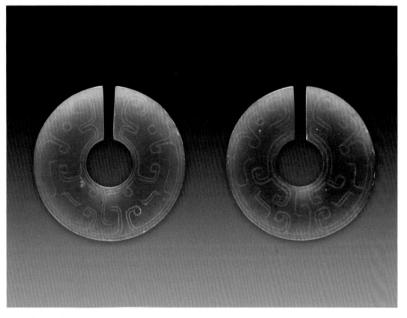

■〔春秋〕玉龙纹玦，耳饰

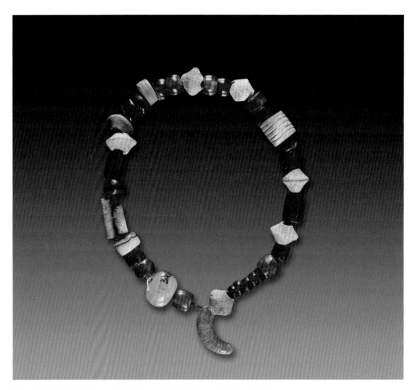

■ 〔西周〕腕饰，玛瑙珠、绿松石珠、玉珠、玉蚕

■ 〔南北朝〕牛头鹿角形金步摇，冠饰

■ 〔隋〕李静训墓，嵌珍珠宝石金项链

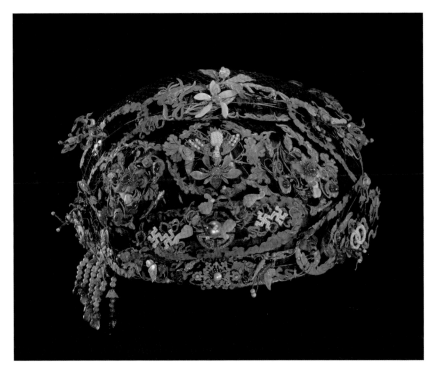

■　〔清〕青色缎点翠钿子

■　〔清〕金累丝嵌珐琅花簪

　　古代许多首饰除了具有装饰性，也兼具其他功能性，如梳、簪、钗等具有盘发、插发等实用性能，组玉佩、朝珠等具有"礼仪"等功能性。随着历史文明的发展，做工精美、材质名贵的首饰也是古人身份、地位、财富的象征。宋代人还喜爱将鲜花、绢花等作为常用的首饰，有种"飞花摘叶，皆可赠人"的自然理念，不仅百姓爱戴花，皇家还形成了"簪花""谢赐花"的礼仪。《宋史·礼志十五》中记载："礼毕，从驾官、应奉官、禁卫等并簪花从驾还内"；又《宋史·礼志》卷十六中描述："天禧四年，直集贤院祖士衡言：'大宴将更衣，羣臣下殿，然后更衣，更衣后再坐，则羣臣班于殿庭，候上升坐，起居谢赐花，再拜升殿。'"亦省作"谢花"。宋代宫廷规定，皇帝赐花给百官，以罗花最贵，宰执以上官员方可得之；栾枝次之，赐以卿监以上官员；绢花赐以将校以下官员，所以簪花的类别也代表着宋代官员的身份等级。

■　〔北宋〕《宋仁宗曹皇后像》局部，宫女佩戴"一年景"花冠 [1]

■　〔南宋〕苏汉臣，《货郎图》局部，卖簪花的货郎

古人在设计首饰的时候，也经常会通过首饰传达美好的寓意。如"长命锁"，就寄寓了美好的祝福在其中，因为古代的医学尚不发达，新生儿和幼童常会因病夭折，父母就会将长命锁佩戴在新生儿身上，祈求孩子健康成长，有些长命锁会一直戴在孩子身上直到成年。

■ 〔清〕银烧珐琅富贵长命锁　　　　■ 〔清〕银鎏金福寿康宁长命锁

所以在古代，首饰有着广泛的用途。它不仅有着固定头发的实用功能，一般情况下兼备装饰性、礼仪性等，同时贵重的首饰也是身份、地位、财富的象征，许多首饰都传达了当时的人文思想，承载着美好寓意。

1.2.2 传统概念

在传统概念中，首饰多指由各种贵金属、宝玉石制成的与服装搭配佩戴的装饰物。这些首饰大多使用金、银、铂、钯以及各种名贵珠宝制成，价格昂贵。许多人会收藏贵重珠宝首饰作为投资，并且认为佩戴昂贵的珠宝首饰可以体现和提升佩戴者的身份地位，首饰除了装饰同时叠加了财富地位的展示功能。所以，材料的贵贱在许多人心目中是衡量首饰价值的重要标准，甚至许多传统首饰工匠会将非贵金属、宝玉石制成的首饰称之为"假首饰"，"首饰＝珠宝"这种观念给想要拥有首饰的普通人带来了或多或少的压力，在一定程度上也阻碍了首饰艺术形态的进化，在当今来看相对狭义，所以首饰的传统概念又可称为狭义概念。

　　传统概念中的首饰通常分为传统商业类珠宝首饰，以及高级珠宝首饰，它们的相同点在于基本都是采用贵金属、宝石、半宝石等材质制作，不同点在于通常来讲传统商业类珠宝首饰款式大众化、以机器加工为主，可大量复制，多以批量销售为主；高级珠宝首饰则以手工制作为主，且款式设计具有唯一性、定制性，有时顾客还会与品牌、设计师沟通图稿，参与设计制作，完成有专属意义的首饰作品，对材质、设计、工艺等各方面的要求都非常高。

■ [法] Jean Baptiste Fossin，CHAUMET，野蔷薇与茉莉花冠冕，贝德福公爵藏品

■ Cartier，The Duchess of Windsor's Panther，胸针

■ Buccellati，Timeless Blue，耳饰

■ Dior à Versailles，Côté Jardins，耳饰

■ Cartier，love 系列，手镯

1.2.3　广义概念

随着人类文明的发展，首饰艺术在材质、风格、工艺等方面都得到了长足的发展。在思想表达方面，首饰的创作和设计变得更加多元化，一部分艺术家、设计师将首饰当作可穿戴的艺术品进行创作，将其作为媒介来传达个人的情绪、思想、艺术理念和社会观念等。在材料运用方面，广义概念中的首饰材料不仅仅局限于贵重金属和宝玉石，很多廉价材料、有机材料以及仿制品、现成品都可以成为设计制作的灵感源泉，材料为设计而服务，能够恰当表现设计理念的材料才是最佳选择。广义概念中的首饰在佩戴形式上也更加多元化，佩戴不仅局限于常规的头、手等部位，整个身体范围都可以承载首饰，甚至光线照过载体在身体上留下的投影、压痕等都可以成为佩戴方式和效果的一种。

从整体来看，社会的进步、材料及观念的不断创新使得首饰概念的界线越来越模糊，整体的包容性越来越强，所以，当今实验艺术类、轻奢类、快时尚类首饰等也逐渐进入大众视野，赢得了不同人群的关注与青睐。

■　Kim Buck，Gold Heart in Anchorchain，18K 金，2003

■　闫丹婷，低俗小说·邦尼的处境，珍珠、不锈钢、纸、银，400mm×400mm

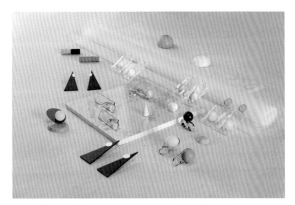

■ YVMIN 尤目，黑玛瑙泪滴睫毛耳环，
SIMULATE 吞吐之间系列

■ YVMIN 尤目，P.E. CLASS 体育课系列

■ Silvia Furmanovich Stargazer Lily 星空百合手镯，手工雕
刻檀木、彩绘、钻石、18k 金

注释

[1] 陆游《老学庵笔记》卷二："靖康初，京师织帛及妇人首饰衣服皆备四时，如节物则春幡、灯球、竞渡、艾虎、云月之类，花则桃杏花、荷花、菊花、梅花，皆并为一景，谓之'一年景'。"宋代人将桃、杏、荷、菊、梅等花做成绢花，并合插在冠上，制作成"一年景"花冠。

1.3　首饰的多元化发展

　　经历了第一次世界大战以及工业革命的迅速发展，西方国家女权思想相继崛起，越来越多的女性走进社会，开始肩负起工作重担，她们在社会的变更中获得了自由和独立意识，价值观和生活态度都发生了转变，成熟、干练、简洁、实用的服饰成为女性们的新选择。这些优雅从容、自信智慧的女性对首饰风格与设计思路产生了巨大的影响，使得首饰风格变得更加多元化，出现了如简约夸张的几何形、抽象动物、抽象植物等造型的首饰。

　　美国好莱坞电影产业的发展架起了沟通世界文化的桥梁，电影中女主角们穿戴的服装和首饰引领着时尚潮流。直到现在，在影视剧中植入服饰广告依旧是一种高效的宣传手段。与此同时，各大时尚品牌、高级定制行业的发展和盛行使得首饰的创作更加系列化、个性化，许多知名的珠宝奢侈品牌也在这个时期迅速发展，奠定了在业界的地位。

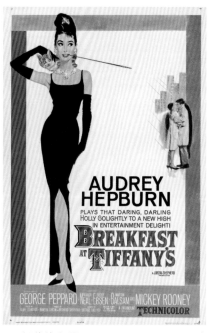

■ 好莱坞电影 *Breakfast at Tiffany's* 海报

■ 好莱坞影星奥黛丽·赫本在 *Breakfast at Tiffany's* 电影里的角色造型

■ Jean Schlumberger，Tiffany Diamond 黄钻缎带项链，镶嵌 128.54 克拉的蒂芙尼传奇黄钻

■ 好莱坞影星奥黛丽·赫本佩戴 Tiffany Diamond 黄钻缎带项链

首饰的工艺和风格表现也受到各种艺术运动的影响，透过首饰作品我们可以了解到当时社会的审美情趣、文化思潮及时代特征等。

20 世纪初，新艺术（Art Nouveau）运动逐渐兴起，在大约 1880—1910 年间到达顶峰，风靡整个欧洲和北美地区，是一场具有创新力的艺术思潮与实践性质的运动。新艺术运动倡导的一大理念就是"师从自然"，常以优美流畅的自然曲线塑造形体，同时结合象征手法来表现作品，这种概念给首饰领域带来了新的思考，使得首饰设计有了质的变化和突破。新艺术风格首饰让以往的"工匠型首饰"转为"艺术家型首饰"，在设计上对自然元素进行概括凝练，许多作品有着梦幻色彩的奇思妙想，充满了自然、优雅、灵动之感。许多新艺术风格首饰融入了珐琅、玻璃及各种半宝石等相对廉价的材质，让更多的材料在首饰设计中得到了良好运用。

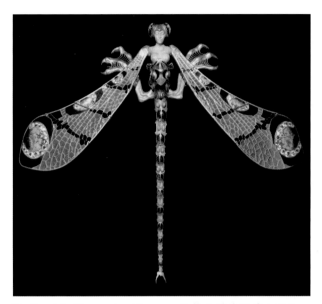

■ René Lalique，Art Nouveau 风格金质蜻蜓美人胸针，
月光石、珐琅、绿玉髓等，约 1897—1898

■ Alphonse Mucha，Georges Fouquet，
Art Nouveau 风格金吊坠，黄金、珐
琅、猫眼石、珍珠、翡翠、欧泊等，
约 1900

　　1925 年，一场名为"装饰艺术博览会（The Exposition des Arts Décoratifs）"的活动在法国巴黎举行。这次博览会促进了装饰艺术（Art Deco）运动的发展，同时也为一战后世界各国和平交流作出了积极的贡献。装饰艺术风格的设计元素非常丰富，一切创作设计都围绕人们的需求进行。装饰艺术也受到了工业化生产中机械美的影响，将新艺术时期柔和流畅的曲线风格转换为对称图形进行设计，风格硬朗干练。由于女性角色的转变，装饰艺术风格的首饰受到大众的青睐，这种立体几何形的首饰，中和了女性较为柔美的一面，强化了其潇洒干练的风格，使女性的面貌更加多元化、立体化。装饰艺术风格的首饰常常大胆地使用切割为金字塔、长条、立方体等形状的各色水晶、玛瑙、珊瑚、松石等，与钻石搭配排列镶嵌成首饰，明亮的块状色彩装饰手法强化了装饰艺术的概念，整体排列有种立体的建筑仪式感。装饰艺术时期的珠宝也是时代风格的剪影。装饰艺术运动对我们

当今所熟识的 Cartier、Van Cleef & Arpels 等品牌都有着非常大的影响，促进了品牌的发展，巩固了它们在珠宝领域的地位，为首饰界留下了不少经典的作品。

■ Georges Fouquet，Art
Déco 风格铂金挂坠项
链，缟玛瑙、祖母绿、
钻石，1925

■ Van Cleef & Arpels，Art Déco 风格金质梳妆匣，珍珠
母贝、珊瑚、珐琅、翡翠、钻石玻璃，1927

现代派艺术中的立体主义、超现实主义、象征主义、极简主义、表现主义、未来主义以及包豪斯风格等，对首饰的发展都产生了较大的影响。许多艺术家也加入了首饰创作的行列，萨尔瓦多·达利（Salvador Dalí）、巴勃罗·毕加索（Pablo Picasso）、亚历山大·考尔德（Alexander Calder）等都做过不少首饰作品，如达利就将潜意识、梦境、本能与现实相结合的超现实主义观念注入自己的珠宝作品中，他的首饰打破了同时代传统珠宝固有的模式，更加注重作品的内涵及象征意义。他经典的首饰作品"时间之眼""皇者心""空间里的大象"等超前的艺术观念、表现手法和工艺制作至今看来都令人无比惊艳。他曾说过："如果你的珠宝没有关注，那么创作就毫无意义，因此，观众才是最终的艺术家。"这与之后的后现代主义强调"作者和观众共同参与、把观众从被动的目击者变成合作的创造者"的观念有异曲同工之处。

■ Salvador Dalí，时间之眼

■ Salvador Dalí，皇者心

■ Elsa Schiaparelli，手型头饰，超现实主义前卫风格

■ Elsa Schiaparelli，耳型耳饰、项链，超现实主义前卫风格

　　进入20世纪后半叶，观念艺术对现代主义精英美学发起了梳理与挑战，使得许多艺术创作都产生了变化，跨越美术、音乐、电影、建筑之间的传统分类，走向多样性和多种形式的视觉艺术时代。受丰富的艺术思潮影响，"当代首饰"在荷兰、德国、比利时、英国等西方国家开启了探索之旅。"当代首饰"（Contemporary Jewelry）一词发源于20世纪70年代，对其概念、属性等的看法至今众说纷纭。荷兰当代艺术评论家丽丝贝特·邓·贝斯腾（Liesbeth den Besten）曾经使用了六种词汇去描述这个新生事物：当代首饰（Contemporary Jewelry），艺术首饰（Art Jewelry），工作室首饰（Studio Jewelry），研究型首饰（Research Jewelry），设计首饰（Design Jewelry），作

■ Gijs Bakker，Dew Drop，Necklace，1982

家首饰（Author Jewelry）。这么多的词语解析，足以证明"当代首饰"的不确定性、包容性以及边缘模糊性。

20世纪60年代末70年代初，欧洲出现了激进的首饰运动，"Critique of preciousness"（对珍贵的批判）的观念破土而出，这种观念对首饰艺术的发展产生了相当大的影响。此时也涌现出了一批先锋的首饰艺术家如海斯•巴克（Gijs Bakker）、鲁特•彼得斯（Ruudt Peters）、格得•罗斯曼（Gerd Rothman）等，他们用多年的创作实践开拓当代首饰的范围，挖掘当代首饰的思想深度。同时北美也有许多艺术家对首饰进行了深入的探索，人们追求平等、自由、人权，注重个人观念的表达，所以首饰艺术具有多元化、多样性、包容性的特点。美国当代首饰擅长从雕塑、绘画、建筑、装置等艺术类别中寻找灵感，许多艺术家有着"首饰是可佩戴的身体雕塑"的观念。当代首饰在亚洲的发展相对较晚，在日本，当代首饰受"禅宗"的影响较大，形式简约，颇具意境，许多作品在形态表达中追求朴素无华，接受偶然与不完美的形态，具有东方禅意特有的细腻与氛围感。在中国，当代首饰出现于20世纪90年代，著名艺术家滕菲教授在90年代留学德国时期对当代首饰领域进行了深入探究，随后将这一观念引入中国，于2002年在中央美术学院亲自打造了首饰专业，开启了当代首饰在中国的探索、教育之旅。引导学生建立自己的创作方法论与视觉语言，着重培养学生的思辨性，研究与探测首饰的根本性，专注于对观念、哲学、宗教、材料、形式、价值、色彩、身体与首饰的关系等研究，立足于东方文化，从哲学、宗教、人文等系统中发掘潜能。当代首饰在中国的发展虽然只有短短20年时间，但是发展迅速，部分专业类艺术院校以其强大的人文关怀、包容性、反思性、开拓性培养出了许多高水平、高素质、高品位的年轻首饰艺术家与设计师，在一定程度上推动了中国首饰行业的发展，良性引领大众审美，以创新的观念、跨界的思维、专注的钻研精神传达了新时代的"工匠精神"。

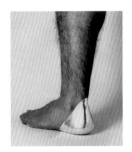

■ Ruudt Peters，"Alru"bracelet，铝、橡胶，1973

■ Gerd Rothmann，Achilles's Heel，Silver，1978

　　从材质选取和佩戴形式方面看，社会的进步和文化的发展使每个人对于首饰的需求和理解都更加个性化及多元化，诞生了更多形式的表现手法与展示方式；从思想层面上看，许多当代首饰作品不仅是传统观念上装饰人体的饰品，也不是单纯为了彰显主人的身份、地位及财富而出现，它们成为艺术家表达观念、传递思想的媒介，承载着艺术家的思想、情感、社会观等，其观念性和实验性特征更为突出。所以，从创作观念、材质运用、佩戴形式等方面来看，当代首饰都给予了更多的包容性。在这里我们可以将"当代首饰"转换为时空概念而不是单纯的类别概念进行理解，在"当代"时空范围下产生的首饰都可以进入"当代首饰"研究的范畴。

1.3.1 当代首饰材质运用的综合性

当代首饰在材质的选取上更加多元化，突破了传统首饰材料精美、昂贵等特点，将大量新材料融入首饰创作中。从商业首饰行业来看，许多时尚品牌也更新了材质的运用，创作出一系列有趣且艺术性十足的综合材料首饰。20世纪70年代，亚克力、仿珍珠、纤维等，都作为时髦的材质运用于首饰中，它们的出现和受欢迎程度可以成为当代综合材料首饰发展的一个新起点。例如Chanel当年就运用了大量的仿珍珠、合成宝石、黄铜等非贵金属材质制作首饰，在一定程度上引领了时尚首饰门类的发展。时尚首饰通常造型夸张、色彩丰富，营造了很强的视觉冲击力，可与潮流服装相互搭配，并且价格上相对便宜，受到广大年轻人的喜爱。Coco Chanel曾说："首饰的重点不在于让女性看起来更富有，而是要装点女性。"人们希望通过首饰来装扮美化自己，但不局限于传统的贵金属珠宝类首饰；首饰的佩戴同时也传达了对潮流文化的理解，直到现在时尚首饰依旧是当代首饰中的重要组成部分。

■ CHANEL 广告，1991

■ CHANEL 广告，模特：Claudia Schiffer、Helena Christensenn，1995

■　CHANEL 珠宝首饰广告，1988

　　从首饰艺术研究创作方面来看，在"Critique of preciousness"
（对珍贵的批判）首饰运动的观念影响下，许多首饰工匠、艺术
家开始对传统首饰中蕴含的权利、地位、情感、财富等价值观感
到质疑，希望在一定程度上将首饰从物质价值中进行解放，所以
从材质方面来入手进行探索，选择塑料、亚克力、橡胶、不锈钢、
铝、陶瓷、玻璃、毛发、照片、有机物乃至回收材料进行首饰创

作，将材质的范围几乎运用到了极致，探索并赋予其全新的意义。瑞士著名艺术家奥托·昆泽里（Otto Künzli）是当代首饰先锋人物，他在尊重首饰最初的功能"身体的装饰"的同时，打破首饰界的规范界限，对传统首饰的制作材料提出质疑，他的代表作品 Gold Makes You Blind（金子使我们盲目）将一个纯金球放在黑色的橡胶管里面，只能看到凸起，但无法从外表得知里面藏着纯金球，他在文章中曾写到"黄金可能足以象征一切东西，太阳、无限、神圣，但是澳大利亚的原住民却聪慧地说出：'你不能吃它，所以请把它留在原来的地方。'但它总是从黑暗中来，从石头、山峦中凸显，代表着光明，这样的矛盾吸引着我，所以我想让它再次回到黑暗中。"这件作品便是对"珠宝首饰通常用作炫耀"的行为进行批判与反思，黑色橡胶管中隐藏着纯金球的首饰是否会失去了"金首饰"可炫耀的资本？但物质守恒，金子依旧存在于首饰中，不增不减。

■　Otto Künzli，Gold Makes You Blind，金、橡胶，1980

此外，综合材料在首饰的表面化处理方面更具个性，即便运用了传统的金属材质，也不一定追求一致、有序的抛光或磨砂工艺效果，而是根据主题需要和材料特点采用不同的表面处理方法，更好地传达作品思路，这也是当代首饰创作形式的一个重要特征。例如丹麦著名首饰艺术家基姆·巴克（Kim Buck），精通金属工艺，许多作品都采用了传统材料金，通过特殊的工艺制作，使原本坚硬的金属展现出了柔软的质感。

■　Kim Buck，Pumpous，
戒指，金

同样，综合材料一直是许多艺术家们创作的思路源泉，他们不断探索研究新材料和工艺，希望更贴切地表达自己的创作理念。但是，不管是贵重的传统珠宝材质，还是丰富的综合材料，如何能更好地传达思想与设计理念才是最重要的，在当代艺术设计思维中，没有真正的"贵重"材质和"廉价"材质的区分，选择"恰当"传达作品理念、表现设计质感的材质才是最重要的。

1.3.2　当代首饰创作观念的多元化

随着社会的发展与进步，文化与艺术早已离开象牙塔，逐渐融入大众生活。受大艺术环境及观念艺术的影响，首饰的创作思想同样冲破了传统的束缚，特别是在以实验艺术性为主的首饰创作类别当中，出现了许多具有人文关怀、探索及反思等类型的首饰作品。

从商业首饰方向来看，时尚首饰对材质的运用以及设计主题的探索都有着大胆的尝试与创新。许多时尚首饰品牌所设计的作品不一味只是迎合服装搭配或者只关心是否能够成为一个美丽的点缀，一些设计师会将更多的概念融入作品当中。比如中国首饰品牌 YVMIN 尤目的 ELECTRONIC GIRL 电子女孩系列，便来自对人工智能仿生女孩形象的幻想，传达出性感、优雅、理智、神秘的装饰气氛。关于人与机器界限的迷思贯穿了此系列的故事线。整个首饰系列使用纯银与 18K 金等经典材质，同时也采用了滤色光学镜片作为设计亮点，营造出迷幻的反光效果，映衬在皮肤周围，形成彩色渐变的光晕。佩戴者好似变成人工智能仿生人，与真人进行神秘的"图灵测试"，增强了首饰的交互体验感。

■ YVMIN 尤目，ELECTRONIC GIRL 电子女孩系列

古往今来，首饰一直具备了交流与信息传递的可能性，我们可以从一件首饰的造型、材质、风格等方面了解到其背后蕴藏的种种信息，比如某个朝代或时期的历史背景、文明程度、审美风向，乃至整个时代的特征，"以小见大"便是首饰具有的一大特质。从艺术探索的角度来看，当代首饰是一个庞大的载体，承载与传递着创作者的思想观念，任何人文思想、社会观点、情感表达等都可以成为创作的主题与观念，再将首饰作为载体转换为实体进行展现，所以当代首饰与当代艺术的思想有着非常多的相通之处，不管是首饰、雕塑、油画、版画还是其他的呈现方式，都是艺术家用来传递观念的媒介。

荷兰当代首饰艺术家 Ruudt Peters 曾说过："当代首饰艺术是'生命'，它包含着一切：性别、历史、苦难和情爱……，生活中的一切都与首饰有关，或者说生活中的一切都在首饰中找到了相应的表达方式。"Ruudt Peters 在创作方面的灵感常常源于炼金术、文化差异、宗教、性别、意识与潜意识等，如系列作品 Anima，主要采取铝、银为材料，并用镀金、氧化等工艺处理表面颜色。作品的制作过程充满实验性，将蜡融化后倒入水中，像自由作画一样调整蜡的状态，流动的蜡线条逐渐凝固形成蜡模，最后再浇铸成金属，当中充满了自由性、交融性与不确定性。艺术家希望通过一种优雅、流畅、自由的线条语言来探索女性与男性潜意识里生命交流的主题。

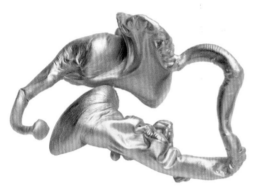

■ Ruudt Peters，Eva brooch，铝镀金   ■ Ruudt Peters，Dila brooch，氧化铝

在当代首饰艺术的创作中，艺术家们普遍削弱了传统观念中首饰用来表达财富、地位与实用性能为主的印迹，对内更着重关注探索首饰与身体、生命、心灵、精神的关联性，对外则更多的探究人文思想、社会状态、文化传播、科技发展等方面，并通过首饰来表达自己的观点和态度，这种思想使得当代首饰创作观念更加多元化且具有更强大的包容性。

对于大众来讲，我们可以用相对简单的思路来理解当代首饰的观念与探索方向，例如可以将环境保护作为创作主题，探究人类与自然的关系；以叙述一件事情为创作主题，描述、记录该事件，剖析事件与人产生的关联；以思想观念为研究主题，抒发或表达个人情感；还有经常出现的以纪念为主题，承载私人情感的首饰创作等等，这些都是当代首饰创作观念多元化的体现。总体来看，首饰能够给人们带来的不仅仅是财富、特权、装饰与功能等，更有机会成为创作者传达人文关怀与实验精神的载体，满足人最本质的情感需求和精神寄托，回归纯粹、充盈内在。

■ 谢白，壬申年的夏日，桃核，1992

　　这套作品是我六岁时运用食用水蜜桃过后留下的桃核雕刻制作而成的，应当是我人生中第一件相对完整的首饰作品。两枚戒指运用不同品种的桃核制作，由于硬度不同，其制作时间与难度也有较大差距，深色的较硬，用了大概一下午时间完成；浅色的较软，约 1 个多小时便完成。不管距离制作的年份有多久，每当看到这两枚戒指的时候，都会将回忆拉到 1992 年的暑假：在爷爷家吃完桃子后突发奇想要把桃核做成戒指，于是捡了块灰色的长条砖块，将桃核逐渐搓磨成想要的厚度，之后在奶奶的照看下用水果刀小心翼翼地将中心挖空，由于桃核较大，戒指的尺寸只能按照当时我的大拇指尺寸制作，作为扳指来佩戴，无意间也记录了我六岁时的拇指尺寸，而现在戒指只能戴在小拇指上。这件儿时的玩拙手工或许冥冥之中暗示着此生我与首饰之间的缘分，每当思路凝结时，我常会戴上桃核戒指，他们似乎蕴藏着巨大的能量，可以瞬间平复不安的情绪，带给我温柔的慰藉。

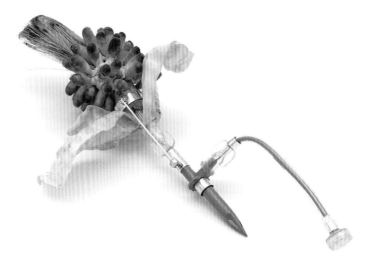

■ 闫丹婷，戴牙套的女孩的自白 2，羊毛、医用针头、橡胶、棉棒、陶泥、银、涂料、塑料
脱下牙套，一个无时无刻左右我的外力消失了，而潜意识似乎引导着我，仍被相互作用的
被束缚的力吸引着；一种自然生长与人工束缚的矛盾在此形成对抗，逐渐演变成为一种不
兼容的奇妙协调；这一首饰是我极其私人的物品，是这段特殊经历的纪念品

1.3.3　当代首饰佩戴形式的多样性

　　首饰的传统佩戴部位主要集中在人的头部、颈部、胸前、手
部、脚踝等，常见的款式有项链、手镯、戒指、胸针、发饰、脚链，
通常情况下尺寸相对小巧。当代首饰在佩戴方式上更加多元化，
首饰的外形和尺度不再拘泥于传统的形式，这与观念的改变有着
密切关系，因为当代首饰注重讨论首饰与人体的关系，主张将身
体作为首饰的舞台来阐述作品，艺术家根据创作观念来界定作品
的尺度，所以常会出现许多尺度偏大、佩戴及展示方式较为独特
的可穿戴艺术作品。

　　荷兰当代艺术家、设计师 Gijs Bakker 的作品具有很强的实
验性，在观念领域里探索身体与首饰之间的关系。他的许多作品
将身体、造型、服饰合为一体。Gijs Bakker 强调用极简的方法
展示更大的运动自由度和"纠正"身体形状的可能性，倡导"绝
对的形——排除一切装饰元素的形"，我们可以通过 Clothing

Suggestions/Kleding suggesties(93)（着装建议／欺骗建议）、Shoulder Piece/Halskraag(50)等系列作品来体会艺术家的观点，这类大尺寸、几何形态的实验类首饰作品，改变了人体的轮廓，对首饰的尺度与功能性进行了探讨。

■ Gijs Bakker，Clothing Suggestions/Kleding suggesties（93），1970

■ Gijs Bakker，Shoulder Piece/Halskraag(50)，1967

也有许多艺术家将疤痕、文身、彩绘、身体投影等纳入当代首饰表现途径的研究范围内。日本设计师武田麻衣子（Maiko Takeda）的许多配饰作品充满了想象力，颇有戏剧化的张力，充满了梦幻感，在佩戴方式上面也倾向于更宽泛的人体空间范围。她的作品 Cinematography 系列，将配饰的金属表面打穿无数孔洞，对这些孔洞的大小、疏密聚散都进行了精确的排列，当光线穿过孔洞，便会在佩戴者身上投射出层次分明的影像图案，光线、阴影和身体进行交互，共同创造一件作品，阴影也成为首饰的一部分，严丝合缝地附着在身体上，随着光线的变化随时发生改变，增加了作品的疏离感与神秘感。

■ Maiko Takeda，Cinematography 系列配饰

当代首饰的重点不仅是展示其本身，它们作为物品更倾向与佩戴者产生交互反应，在佩戴首饰时，两者之间便建立了相互依存与相互成就的关系，通过身体与首饰的互动，阐述自己的观念，建立起身体与首饰之间的对话。所以它的尺度范围与佩戴形式和传统首饰相比更加宽泛且多样化。

1.4　当代首饰的主要类别

在时空概念下的"当代首饰"从创作动机来分类，可整体分为"商业类首饰"及"实验艺术类首饰"两大板块。

1.4.1　商业类首饰

商业类首饰（Commercial jewelry）顾名思义是为商业销售而服务的首饰，其创作动机与目的在于产品是否能够成功销售、盈利并占据一定的市场。通常情况下，商业首饰的设计需要结合当下流行趋势以及消费者的需求，运用大众容易接受的材料，保证佩戴方便。同时，商业类首饰也要考虑生产成本、加工工艺和产品利润等商业因素，具有较强的功利性；在一定程度上也起到了引导潮流的作用。目前国内的商业首饰主要分为传统商业类珠宝首饰、高级定制类珠宝首饰、时尚类首饰三大类别。

1. 传统商业类珠宝首饰 (Fine jewelry)

传统商业类珠宝首饰在当今市场中占有很大的比例，这类首饰具有装饰性、实用性、相对保值的特点，符合大部分消费者的审美需求。传统商业类珠宝首饰的制作首先需进行市场调研，确定目标消费群体、市场区域，再做好产品的设计规划方案，然后确定材料、工艺范围、加工成本等，进行小批量打样制作，最后再投入大批量的复制生产。传统商业类珠宝首饰的材质通常由贵金属、宝石、半宝石组成，此类产品主要的销售渠道为传统连锁金店、首饰零售店、网店等。由于商业运作具有一定风险，许多品牌对设计的投入并不高，常常出现某款设计受欢迎，立即跟风改款效仿的情况，使得整个传统商业类珠宝首饰产业同质化严重，风格款式相对单调。但是从整体来看，传统商业类珠宝首饰在目前依旧可以满足普通消费群体对珠宝首饰的需求。

■ 戴安娜王妃款镶嵌戒指，商业首　　■ TIFFANY&Co.经典六爪钻戒，
饰常仿制款式　　　　　　　　　　　商业首饰常仿制款式

2. 高级珠宝、定制类珠宝首饰（High jewelry）

高级珠宝、定制类珠宝首饰通常由国际知名品牌或资深珠宝首饰工作室设计并制作。定制类的高级珠宝首饰会依据定制者的个性需求与独特气质来创作，运用稀有、独特的贵金属及宝玉石或对于定制者有着非凡意义的物品，对加工工艺有着极高的要求，一般由经验十足的首饰工匠手工打造，具有独一无二的特性。高级定制类珠宝首饰，代表了定制者对美、个性、自我的高度追求。定制类首饰通常独特、高贵、典雅、装饰感强，多用于收藏、纪念、典礼佩戴等，具有很强的仪式感；此类首饰在某种程度上也能够证明定制者的社会地位与身份象征。

■ Joseph Chaumet，法国工业家亨利·德·温德尔夫人冠冕，
铂金、钻石，1907

在早期，不管是专职为皇室贵族制作首饰的御用造办处，还是面向百姓的首饰工坊，工匠们大多是以首饰定制的形式来满足顾客需求。随着工业技术的革新和推广，首饰工作室已经渐渐地转为设计、制作、营销为一体的设计服务平台，并且面向大众开放，所以服务的人群范围也越来越广，不仅限于皇室、明星、名流等，有需求的大众也可成为定制首饰的消费群体。

■ 罗伯特·勒莫尔纳，CHAUMET，六世阿勒比斯男爵瓦伦提诺·阿德比为准新娘玛蒂尔德·德·拉·菲特定制的新婚礼物，雕花磨砂无色水晶、碧玉、钻石、碧玺、金，1970

■ Silvia Furmanovich, Marquetry Orchid, 胸针/吊坠, 木、巧克力色珍珠、钻石、18K金, 采用精湛的纯手工细工镶嵌（Marquetry）工艺制作主体

在当代首饰发展的环境下，也出现了另外一种"定制首饰"的方式，区别于传统的高级珠宝首饰定制，这类工作室通常是由偏当代实验艺术方向的首饰艺术家或个人工作室主理。在进行定制的时候，收藏家或定制方会与首饰艺术家沟通，定制的方向可能并不仅限于材质、款式、工艺、风格或价格预算，而是将自己对作品思想或情感方向的需求告诉艺术家，或是与艺术家分享某件事情甚至抽象的描述某种感觉，艺术家可根据自己与定制方接触后的感受进行分析创作。这样的方式需要在双方信任和欣赏的情况下进行，定制者对艺术家的设计创作手法不做过多的干预，艺术家也会根据自己的理解，选取恰当的表达形式进行创作。这样的定制方式通常会激发艺术家更多的创作灵感，呈现的作品往往惊喜不断。

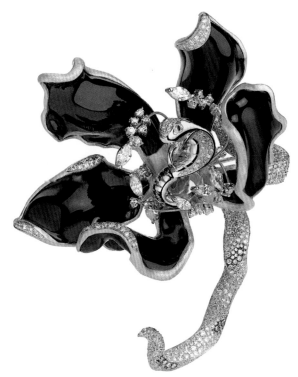

■ 马瑞，毒—蛇，18K 金、新疆和田墨玉、钻石、
红宝石，采用独创的阴阳雕刻工艺制作，将坚
硬的和田墨玉制作成灵动飘逸的花朵

3. 时尚类首饰（Fashion jewelry）

时尚类首饰在国内外发展势头迅猛，以其时髦的款式、相对
大众化的价格得到了大批中青年消费群体的青睐。相对于传统商
业珠宝，时尚类首饰主打原创设计款式，一定程度上更加注重树
立自己的品牌形象，材质多为各类金属、合金、宝石、半宝石以
及综合材料等，款式设计趣味性较强。不仅小众的首饰品牌热衷
于开发时尚类首饰，许多奢侈品品牌也相继推出时尚类首饰产品。

■ Les Nereides, 法国童话风格珠宝品牌

 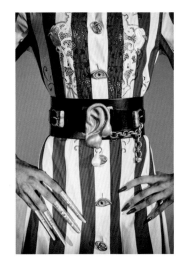

■ Schiaparelli, Spring2022 READY-TO-WEAR 系列

■ GUCCI, Le Marché des Merveilles 系列

近年来，国内许多毕业于首饰专业的学生都组建了自己的小型首饰工作室或成立品牌，为时尚类首饰行业输入了大量优秀作品。时尚类首饰中经常可以看到各种综合材料的创新运用，首饰的层次感更加丰富，更新速度快，佩戴的形式也趋于多样化。青年消费者在着装方面相对紧跟潮流，时尚类首饰从款式到价格都更容易满足需求。同时，在当今的设计思潮中，首饰作为展现财富的意义逐渐淡化，这也加快了时尚类首饰发展的速度。

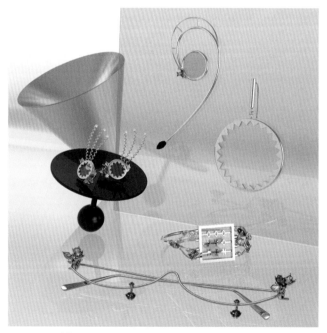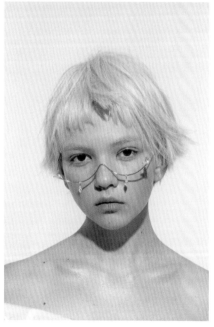

■　尤目 YVMIN，ELECTRONIC GIRL 电子女孩系列

■ 程丽，Namooo 娜茉，心脏挚爱系列，黄铜镀金、合成刚玉、黑曜石、珍珠

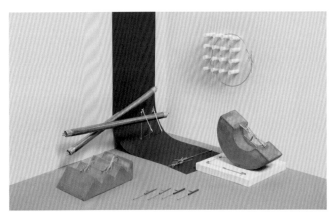

■ 尤目 YVMIN，COLD LIGHT 空房间系列作品

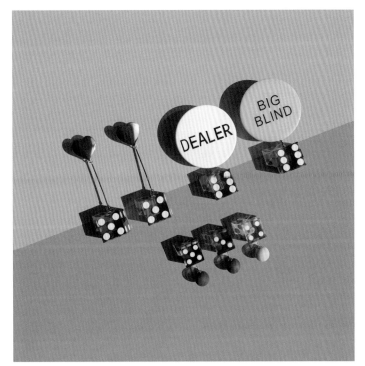

■ 谢白，WhiteFactory 白工厂，House of Cards 纸牌屋系列作品

■ 谢白，WhiteFactory 白工厂，博物馆奇幻夜系列作品

1.4.2 实验艺术类首饰

从研究方向来看，"实验艺术类首饰"在很多情况下被称为"当代首饰"，在此，为与时空概念中的"当代首饰"进行区分，结合此类首饰的特征，我们将其称为实验艺术类首饰。可以结合本章中 1.2 首饰的多元化发展来了解该类首饰的发展状况及观念内容。

实验艺术类首饰，顾名思义是带有实验性、艺术性的首饰类型。首先，从创作的动机来看，实验艺术类首饰以展现艺术家观念为主，更多注重探索社会关系、文化发展、个人情感等，对材质、表现形式以及首饰与人体的关系有着更深入的探讨。此时首饰像雕塑、绘画、建筑、音乐一样，成为表达艺术家情感的载体，所以实验艺术类首饰与当代艺术也有着密切的关联；其次，与商业类首饰相比，实验艺术类首饰更注重艺术家情感与观念的传达，在一定程度上会弱化首饰的常规佩戴性、财富价值与装饰美化等功能；再次，从材质选取方面来看，实验艺术类首饰通常会运用最适合表达作品的材料，而不拘泥于传统的贵金属、宝玉石等首饰材料，所以也会看到一些看起来无法正常佩戴、有独特外观审美价值的实验艺术类首饰。由于实验艺术类首饰作品的创作思路独特，材质运用丰富，表现形式与佩戴形式独具特色，因此大部分商业性较弱，并且许多艺术家的创作出发点也与商业无关，其功利色彩较为淡化。

目前，大众如果想了解或收藏实验艺术首饰作品，通常需要通过艺术类展览展会、专业首饰艺廊、部分时尚类买手店等进行沟通交流后收藏。近几年随着社交媒体的迅速发展，实验艺术类首饰的网络推广平台陆续增多，出现了一批线上交流平台，拉近了实验艺术类首饰与大众接触的距离。

■ Kim Buck，String of Pearls with Gold Clasp，胸针，银、18K 金，2003

■ Kim Buck，It is no use crying over，戒指，18K 金，2008

■ 王宏霞，榫卯结构，橡木、金箔、打字机色带，2015

■ 王宏霞，五行之金木水火土，乌木、珊瑚、皂石、动物角质，2015

1.5　当代首饰的艺术风格

何为艺术风格？可以理解成艺术家、设计师们在创作中形成的相对稳定的艺术特色及个性，可以是个人风格的表达，如果从品牌来看，则是集体艺术风格的体现。通常来讲，艺术风格不是一朝一夕能够形成，而是相对成熟的艺术家、设计师、品牌等在创作与实践中逐步形成的。早期首饰的艺术风格相对单一，当时的首饰行业大多处于实用美术范畴，更加注重实用性、价值性、装饰性等，工匠通常会延续传统风格及用途来加工首饰，由创作者自身注入的艺术观念相对较少。

贡布里希（Gombrich）曾说："风格是创作者所采取的或应当采取的独特而可辨认的形式。"在当代艺术的发展与影响下，艺术家、设计师们的创作观念更加开阔，突破了传统首饰相对单一的观念。时代需求、科学技术、经济发展等都会对艺术界以及创作者产生影响，而创作者的世界观、审美格调、文化修养、性格气质等方方面面都会对其作品产生影响，无形或有形地在作品中融入了更多的个人符号与时代特色，从而形成多种类型的首饰艺术风格，所以不论从商业类首饰还是实验艺术类首饰来看，当代首饰整体的艺术风格都更加多元化。当代首饰的艺术风格及类型颇多，在此选取相对具有代表性的几类艺术风格与大家分享。

1.5.1　极简主义风格首饰

极简主义是 20 世纪 60 年代左右出现的一种艺术流派，受超现实主义、包豪斯风格、构成主义等影响，如包豪斯"设计为功能服务"的观点以及建筑师密斯·凡·德·罗（Ludwig Mies Van der Rohe）提出的"Less is More"（少即是多）的概念都是极简主义创作观念的来源。极简主义影响的范围很广，最早在欧美作为纯艺术的风格流派兴起，之后这股风潮逐渐影响到设计行业，甚至融入了人们的生活观念当中。极简主义是具有时代意义的流派，它结束了现代主义，并吸取了现代主义设计线条明确、结构清晰、色彩纯净的特点，而后开启了后现代主义，用冷静、客观且具有逻辑性的方式来叙述观念。极简主义在设计语言上遵循"极力简约"，主张遵循实用化的审美法则，将设计元素减至最少，去除多余繁复的表面装饰，批判结构上的形式主义，其目的在于以"最少"的手段获取"最大的张力"，在"有限"中体会"无限"，但是这些"少"并不意味着盲目地、单纯地简化，它往往将丰富的形式元素进行凝练，将复杂的设计统一升华，所以许多极简主义风格的作品在形式与功能之间都能够找到较好的平衡点。

随着社会的发展，在物质富足、信息爆炸的时代，喧嚣与混乱不断增加，大众需要用规则和秩序简化自己的生活、梳理精神状态，所以极简主义生活的概念也是当今社会环境中许多人所向往、追寻的。比如寻找出自己真正所需的东西，简化生活中多余的事物，定期清理杂物、合理消费、拒绝不必要的交往、突出生活的关键点、提高工作效率、合理安排时间与精力等。而在当代首饰的发展中，满足个性化需求的首饰越来越多，极简主义风格首饰也随着人们的需求逐渐成长，成为当代首饰多元化组成的一个部分，在实验艺术类首饰与商业类首饰中均能够看到许多极简主义风格的首饰。极简主义风格首饰以抽象、简约化的造型为主，反对过度堆砌带来的浮躁装饰风格，常常只用最基础的点、线、面进行造型设计；在材质方面的运用相对单一且考究，在能够准确表达作品概念风格的同时会尽可能控制材质的类别与数量，通常来讲一件极简主义风格的首饰作品材质种类不超过 3 种，常见的材质有各类金属、天然宝玉石、人造材质等，能准确表达作品理念的材质都可以运用到作品中来。商业类的极简主义风格首饰在达到装饰性能的同时通常都具有相对良好的适配性能，丰富佩戴者的形象层次，修饰缺点，增加亮点，佩戴舒适，且不会喧宾夺主，力求达到形式美与功能性的协调统一。

　　德国珠宝品牌 Niessing 是一个以极简主义风格闻名的品牌，该品牌的设计结合几何学、结构学于一身，常以简约的圆形、三角形、方形来作为造型基础，且首创了张力镶嵌工艺，将首饰镶嵌的钉、爪、台面等结构简化，运用金属自身张力带来的压力将宝石牢固地卡在首饰上，宝石呈现出悬浮的视觉效果，同时增强了透光度，整个作品显得更加简约，同时突出了金属与宝石自身的质感。

■ Niessing，张力镶嵌钻石戒指

■ 及维维，EASYJOYCE，交响爵　　　■ 牧神午后协奏曲系列作品，925 银
　　士系列作品，925 银

1.5.2 可佩戴雕塑类首饰

在人类历史中，雕塑与首饰都属于出现非常早的物品，通常雕塑是为了装饰生活环境而制作，而首饰的一项重要作用则是装饰人体。在 20 世纪三四十年代，西方艺术流派百花齐放，超现实主义在欧洲风起云涌，许多艺术家开始创作首饰，并认为首饰是小型的雕塑，对首饰与佩戴者互动后产生的身体及空间的变化进行探索，一度促成了首饰是"可佩戴艺术"理念的形成。之后陆续涌现了许多对此概念深入研究的艺术家以及可佩戴雕塑类的实验艺术类首饰作品，如亚历山大·考尔德（Alexander Calder）、亨利·贝尔托亚（Harry Bertoia），以及 20 世纪六七十年代后的皮埃尔·德更（Pierre Degen）、海斯·巴克（Gijs Bakker）等。"可佩戴雕塑类首饰"也是实验艺术类首饰中常见的研究与创作课题。

Harry Bertoia 出生于意大利，是著名的建筑师、家具设计师、雕塑家以及首饰艺术家，他擅长金属工艺，由于战后物资匮乏，Harry Bertoia 尝试将金属废料熔融并通过弯折、锻打、链接等工艺制作成首饰，其首饰作品常拥有雕塑般的流动形态。

■ Harry Bertoia，项链，黄铜，锻造后采用铰链、铆钉链接制作，1942—1943

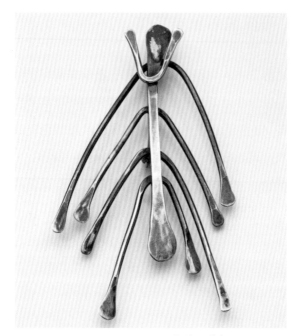

■ Harry Bertoia，Fishbone，挂坠，纯银，1943

　　瑞士艺术家 Pierre Degen 在 20 世纪 70 年代开始进行首饰与人体、环境之间的探索研究。他的一些首饰作品尺寸非常大，具有一定的建筑感，佩戴起来更像是一件器物或是装置。大件的首饰增强了观众对身体的注意，佩戴者的身体更像是作为展台来展示首饰。该类具有实验性的艺术首饰在普通情况下无法正常佩戴，故而许多展览也会通过影像来展示这类作品，其佩戴的过程被记录下来成为资料、文献以及作品的一部分。所以这类首饰艺术的概念范围也涉及行为艺术、影像艺术、身体艺术、装置艺术、雕塑艺术等范畴。在许多大框架类型的首饰作品中，创作者将佩戴者身体置入大型器物中，借助外部结构来保护、改变体态，同时身体自身也可以认为是一种材质，融入整个作品的概念中并进行展示。

■　Pierre Degen，棍子表面，1986

　　提起可佩戴雕塑类首饰，不得不介绍美国著名雕塑家、艺术家 Alexander Calder，他是 20 世纪美国艺术史上最有影响力的艺术家之一，也是动态雕塑（Mobile）的发明者，与此同时，他在艺术生涯中还创作了约 1800 多件首饰艺术作品，开启了艺术家创作首饰的风潮，他的首饰作品经常被人称作可佩戴在身上的活动艺术品。Alexander Calder 从童年就开始对首饰制作感兴趣，在他的回忆录中记载儿时曾为姐姐制作首饰。他的首饰作品材料主要采用金属、金属线等，以锻造、缠绕、焊接、钻孔等工艺制作，保留金属材料的原生态质感，所以会散发出天然、质朴的美感。虽然 Calder 的首饰作品非常出名，也深受时尚界的偏爱，但他一直没有参与商业化制作，而更喜欢为亲朋好友制作首饰，并根据每个人的气质、形象以及佩戴场合来创作作品。

　　Alexander Calder 的许多动态雕塑是由金属丝连接不同的几何、抽象等形体组成的，这些形体通常具有平衡性与独立性，结合环境情况如风力、气流的作用可以运动起来，从而体现出动

态雕塑在虚实之间的秩序感。他的首饰造型也常以流畅的线条形
式出现，简约并具有抽象意味，与动态雕塑的概念有异曲同工之
处，这些首饰作品可以作为动态雕塑中的部件，同时也是一件单
独的艺术品，将佩戴者的身体作为基底，首饰则成为身体的活动
部分与延展区域，在佩戴的过程中与身体进行交流、互动，成为
可穿戴雕塑类首饰。

■　Alexander Calder 与他的动态雕塑作品

■ Alexander Calder，The Jealous Husband，1940，由 Anjelica Huston 佩戴

■ Alexander Calder，项链，由 Brooke Shields 佩戴，Sheila Metzner 摄影

1.5.3　侘寂风格首饰

　　侘寂美学的概念起源于日本，"侘"发音"Wabi"，"寂"发音"sabi"，也是日本传统审美观念的核心，但其根源思想来自于佛教中的三法印：诸行无常、诸法无我，涅槃寂静。我们要理解侘寂美学的起源观念，需要先了解佛教中的"三法印"。第一，诸行无常：一切世间法无时不在生住异灭中，过去有的现在起了变异，现在有的将来终归幻灭，不得永恒常驻；第二，诸法无我：在一切有为无为的诸法中，并没有"我"的实体，所谓"我"的存在只是内心的执着产生的心理幻象；第三，涅槃寂静：涅槃是梵语，译为灭、灭度、寂灭、不生、无为、安乐、解脱等，无生灭迁流，无烦恼之累，度生死之海，无为安乐，证得寂静安宁的涅槃。"印"即"印定"的含义，符合此等法印的，即可判断为佛法。在禅宗观念的影响下，经过东方文化与生活方式等多方

面的洗礼，逐渐形成了禅意、质朴、包容、安宁的"侘寂"美学。它同时也代表了一种价值观、生活观与世界观，由此诞生了许多侘寂风格的建筑、生活、艺术作品等，其中侘寂风格的首饰也受到了大众的喜爱。

　　许多侘寂风格的作品崇尚去物质性，展现质朴古拙的美学理念，常常散发出不完美、孤寂、冷清的气氛，也可用朴素、寂静、谦逊、自然的词语来定位侘寂风格的美学特征，简单概括，就是顺应即兴的自然之美。艺术家在搜索创作素材的时候，常常会运用自然界元素，如金属、石头、树木、动物的尸骨、斑驳的墙皮等，这些自然元素在形态上独一无二、平实温润。在侘寂风格首饰的创作当中，许多艺术家会运用烧皱工艺对金属部分进行加工。烧皱工艺是将金属加热至熔点，当金属呈现半液态的状态时，再根据艺术家的需求与经验把控火的大小与软硬对半液态的金属进行塑形的工艺，由于环境与金属都有着不可控性，所以其具有即兴创作的特征。运用该工艺的作品通常有着天然的金属褶皱与肌理，细腻中透露着残缺、质朴、自然、平和之美，具有不可复制的唯一性。

■　Reiko Ishiyama，Black Petals，银

■ Reiko Ishiyama，Bark Pin，树皮

■ 谢白，液态的自如 NO.1 系列作品，巴洛克珍珠、黄铜、烧皱工艺

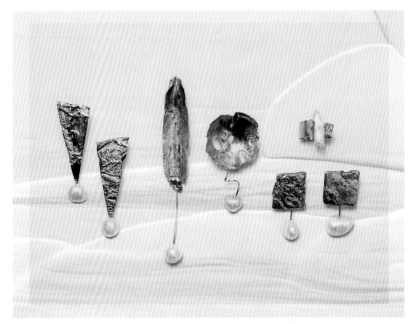

■ 谢白，液态的自如 NO.2 系列作品，巴洛克珍珠、黄铜，烧皱工艺

1.5.4　新中式风格首饰

　　21世纪初期，"新中式"一词出现首先出现在装饰设计领域，后逐渐扩展到建筑、服装、平面、首饰等诸多设计领域。近年来随着中国的发展与进步，国力增强，民族自信感逐渐增长，含有中国元素的设计作品得到了更多的关注与支持，唤醒了大家对中国传统文化艺术新的思考。

　　中国传统首饰的历史可追溯到原始社会的旧石器时代，之后在漫长的历史长河中，首饰艺术的发展越来越成熟。殷商时期，古人就已经掌握了多项金属的加工技术，之后经过唐、宋、元、明至清代，首饰的款式、外观、材质、工艺等都达到了较高的水准。从中国传统首饰的造型元素来看，多以具有吉祥寓意的图案与文字为主；从材质来看，多以金、银等贵金属以及各类宝玉石为主，如白玉、翡翠、松石、珍珠、玳瑁、琥珀、珊瑚、碧玺、水晶等；从工艺加工来看，除了传统的金属工艺之外，还有花丝、累丝、鏨刻、点翠、景泰蓝、金银错等中国古代特色的首饰工艺。深厚的传统文化与丰富的首饰材质工艺，都为当代的艺术家、设计师们提供了优秀的研究资源。

"新中式"风格是传统中国文化与当下时代背景中出现的文化艺术元素相碰撞后的产物，它并非单纯地提取传统装饰符号、工艺、材质等进行堆砌，而是需要将深厚内敛的传统文化融入当代的设计语言中米。因为各个时代的价值观、审美取向、生活状态都不同，所以会形成具有时代烙印的首饰艺术风格，需要通过凝练文化、塑造造型、材质选取及工艺制作等多方面的实践才能够呈现。近年来，在传统文化思潮回归的影响下，更多的首饰艺术家加入了中国传统文化的研究并开始进行首饰的创作设计，同时各类首饰品牌也纷纷加入到这股风潮中，使得新中式风格首饰得到了初步的发展。新中式首饰风格现阶段多以传统与当代、民族化与国际化相结合的研究方向为主，如果说"新"代表了国际化、时代化以及当代审美的趋向性，那么"中"则代表了本土化、民族性以及传统文化思想，连接两方的桥梁则是"传承"与"创新"，需要在传统文化底蕴的基础上进行变革与创造，更深一步地挖掘中国传统文化理念的精髓，同时结合当代人对首饰的审美倾向、情感诉求以及功能需求等，才能打造出富有中国文化底蕴的艺术作品，因为新中式风格首饰在具备首饰基本功能性的同时承载了人们对中国传统文化的情感寄托，它包含着五千年来或恢宏或细腻或绚烂或清雅的审美气息，蕴含着中华民族的骄傲，同时更寄托了大家对中国美好未来的期望。

■　马瑞，玉兰花开，18K 白色黄金、新疆和田籽料白玉、新疆和田籽料碧玉、钻石
微风徐来，触碰了一朵含苞待放的娇玉兰，带动着青葱蔓藤随风飘逸；设计师打破传统工艺中以金
属作底托，镶嵌宝石的手法，大胆将玉石吊坠，成为项链主体，钻石黄金为辅体相配合；独创"阴
阳雕刻法"，在作品中体现各种对立又相连的大自然规律，即"一静一动"静态的花朵与动态的飘叶；
"一张一弛"含苞待放的花骨朵与开放的项圈造型；"一软一硬"油润细腻的和田玉与坚硬闪耀的
钻石黄金；将中国传统的哲学思想与中国美学中的写意风格融入其中，表现出一件含蓄却有生命力
的作品

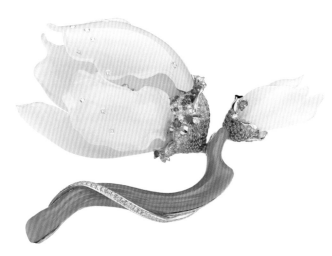

■　马瑞，玉兰，18K 金、新疆和田籽玉、碧玉、钻石等
延续"玉兰花开"项圈设计，仿佛将项圈枝头的玉兰花朵单独摘下，将中国传统工笔画中的玉兰花，
用玉雕形式栩栩如生地呈现，打破传统对称美学，搭配西式珠宝，将中国式的含蓄与西式的张扬完
美结合

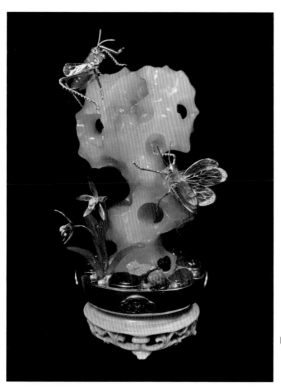

■ 钱钟书，狮记古典珠宝，多宝香插
鸣虫，白玉、青金、珊瑚、碧玉、
蓝宝、碧玺、珐琅彩、黄金

■ 钱钟书，狮记古典珠宝，鱼藻胸针，
翡翠、蓝宝石、白玉、珊瑚、钻石、
黄金

■ **CiCiG&iDea** 黄宠谛、黄金，德古拉失乐园，翡翠、18K 金
创作灵感来自布拉姆·斯托克的经典同名小说，聚焦"让邪恶变得性感的吸血鬼"德古拉，带着唯美主义的思想你会发现美无处不在；整体设计中打破对翡翠的传统设计理念，选用东方传统纹饰雕花翡翠呈现东方元素的同时结合华丽而颓废的西方哥特式风格元素的色彩与造型，既冲突又统一的视觉张力呈现出一种跨界融合的时尚感及全球时尚审美的风格趋势

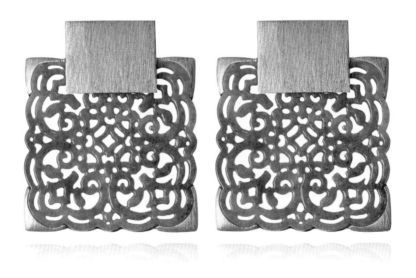

■ **CiCiG&iDea** 黄宠谛、黄金，狂想曲，18K 金、翡翠
创作灵感来自于海派文化艺术的历史背景，将西方极简主义设计风格与东方元素相结合，材料选用乌鸡种翡翠雕刻出吴越文化苏州花窗的特有纹饰，贵金属部分采用 18K 黄金手工拉砂工艺，砂降低贵金属华贵高调的质感，与灰色乌鸡种高级色调的搭配又赋予其沉稳素雅的气质感受，整体造型运用西方极简主义几何化设计方式表现

1.6 中国当代首饰作品赏析

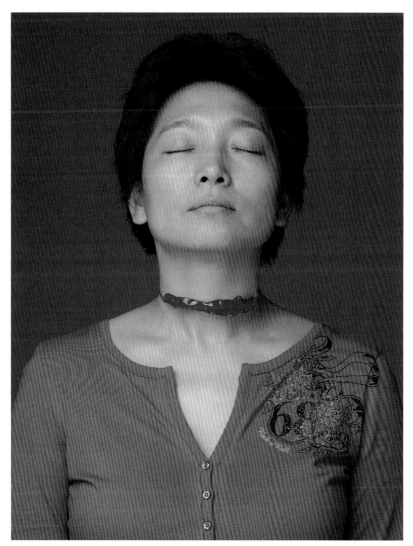

■ 滕菲，那个夏天 In That Summer...，银、漆，直径 100mm，2007
1988 年 8 月 31 日，超过预产期 9 天的我决定剖腹生产。刀口用 7 针缝
合了起来，留下了这个身体的疤痕；这道生命的印记换来的是一个新生
命的诞生和母体的再生。那个夏天……，于我意味深长

■ 滕菲，辛卯年，银，53mm×25mm，2011

"那个夏天"和"辛卯年"是生命成长的纪念物。辛卯年（2011）孩子的生日礼物，是我为远在异域留学的他设计制作的吊牌式项链，正面是键盘中的 Ctrl+S，背面是父母的两个电话号码

辛卯年，他长大了，有了能够时时触碰到的爱

He grew up this Rabbit year. Then he has his own feeling to love that could be touched any time

■ 滕菲，小陶和小段的婚戒，影子、银、金、树脂

"影子"对戒，像似在空灵的舞台上的漂移、飘逸；来自现代舞艺术家小陶和小段相互交换了象征诚信的指纹，是舞台中的魂，舞者的神

"影子"对戒圆浑、天然，一如他们的爱

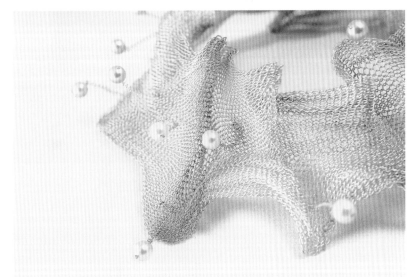

■ 张凡，衍异系列作品，铜鎏金、珍珠、玛瑙等

"一线"

从古老细金工艺的探索开始，一根细细的金丝在漫长的历史中贯穿了东西方的美学

"二术"

艺术与技术，二术的结合，让"一线"随着时间不断焕发新意，富有生命力

"万饰"

在美学与生命的探索中，仪态万方的首饰，与人相得益彰，每一件首饰都在体现着"道法自然、自然而然"

根植于东方哲学，透过首饰去诠释"人"与"饰"之中的"活态美学"

■ 谢白，沙漠之花系列作品，紫光檀、斑马木、微凹黄檀、红檀、沉贵宝、
天然珍珠、925 银镀金，60mm×40mm×20mm
作品的创作初衷源自作者对大自然的热爱，仙人掌是在严酷环境中绽放
魅力的植物，其逆流而上坚韧不拔的毅力也一直激励引导作者前行；作
品艺术风格清新活泼，圆润感的设计使尖锐不易触碰的仙人掌变得可爱
且平易近人
首饰主体材料采用中国传统红木：天然紫光檀、斑马木、微凹黄檀、小
叶红檀雕刻制作，并配以金属工艺、针镶工艺进行整合制作，红木、天
然珍珠的圆润搭配贵金属的锐利，增强了整个作品的趣味性和节奏感

■ 谢白，夜间守卫者，猛犸象牙化石、天然红珊瑚、红宝石、蓝宝石、S925 银电镀 18K 黄金，雕蜡、
浇注、镶嵌、抛镀，65mm×55mm×30mm
猫头鹰是作者非常喜爱的动物，作者小时候住的院子里有许多高大的树木，一年夏天，莫名的飞来
了十多只猫头鹰齐齐落在院中的大树上，并且驻扎了数月，这在城市中非常罕见，很多记者和生物
学家还到院中进行采访和勘察，猫头鹰美丽、神秘、飒爽的英姿给孩童时的作者留下了深刻的印象

■ 谢白，亿万光年 Millions upon Millions Light Year，天然红珊瑚、海洋碧玉、天然珍珠、S925 银
电镀 18K 黄金，雕蜡、浇注、錾刻、镶嵌、抛镀，62mm×28mm×15mm
作品的创作灵感来自广阔海洋中的远古生物化石，古老的亿年化石中蕴藏着自然界高品质的信息和
能量，生命、死亡以及永生赋予化石无限的魅力
作品巧妙地将天然红珊瑚枝的形态设计成化石鱼的身体部分，海洋碧玉作为化石鱼的头部主石，天
然宝石纹路使作品在骨感的"化石"中充满生机；微小珍珠镶嵌表现鱼目，点睛之笔、生动有趣；
贵金属部分采用雕蜡、浇注、抛镀、錾刻、拉丝等多种工艺，使作品从整体到局部都值得细细品味

■　谢白，伴云来，矿物质原料、金箔丝、紫光檀、微凹黄檀、黑毒漆木、合金镀金，传统掐丝固定、填色、
　　木雕、镶嵌，60mm×40mm×30mm
　　作品将传统非物质文化遗产中的掐丝唐卡工艺与当代首饰制作工艺相结合，设计出跨工艺结合的创
　　新首饰作品，并与掐丝唐卡的非遗传承艺人合作制作成实物作品，以首饰作为媒介搭建起传统工艺
　　与当代设计的桥梁

■ 谢白，对影系列 NO.1-2，紫光檀、微凹黄檀、手工彩木、天然珍珠、925 银、铜镀
18K 金等，72 mm×46mm×18mm、77mm×36mm×20mm
作品的灵感源自于作者孩童时自家花园的花朵，每当春夏，色彩迷幻、造型奇特的无
名花朵总是如期而至地出现在园中，给幼时的作者留下了许多关于花朵的梦幻印象；
在工艺技巧方面，作品融合了多种技艺进行制作，木雕工艺雕刻炫彩花木、多色红木等，
结合银、铜粉木镶嵌工艺，来表现花茎叶脉，作者独创的木雕鱼籽镶嵌，将超细微的
金属珠、天然珍珠点缀在作品上，仿佛晨露阳光散落在花朵之间，使娇憨的花朵更显
灵动

■ 刘骁，錾刻与我系列作品，"九龙壶"（18件）摆件，足银999，尺寸
可变，2015

■ "九龙壶"分件·18，足银999

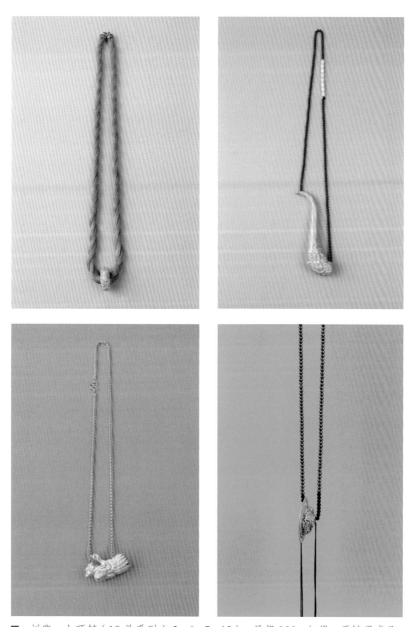

■ 刘骁，大项链（18 件系列之 3、6、7、13），足银 999、细绳、项链现成品，2015

■ 吴冕，金项链，首饰加工厂使用过的地毯，含金 2.75 克

我一直希望用首饰艺术的语言去和中国当下最真实、最普遍的商品化首饰进行一次对话，比方说中国大妈抢购的金首饰；当我来到这些金首饰被生产出来的工厂，工人们小心翼翼地回收着破旧不堪却竟能提炼出数以百万的黄金的地毯、手套、工服和内衣，它们与被生产的、被抢购的金首饰毫无差别，都是承载黄金价值的容器；无论是在加工厂里还是在首饰盒里，无论是严密的安检还是无所不用其极的回收，无论是做成了戒指还是手镯，无论是雕花还是刻字，在这个语境中，人们做的所有事只关于一件事，那就是黄金本身

■ 吴冕，金吊坠，首饰工厂加工过黄金的手套，含金 0.68 克

■ 吴冕，金戒指，两枚含金量相同的戒指

■ 吴冕，Existed Ring 系列作品

Existed Ring| 女童贪玩，手指被卡水管

从小对五金店一直有种莫名的好感，尤其是对形状各异，而又用途不明
的金属件总是充满了幻想和好奇；小时候习惯性的一种下意识动作，还
曾造成过一个不小的麻烦；我喜欢将手指伸入貌似刚刚好的管道、孔洞、
螺丝帽、老式水龙头，或者来路不明的零件中，那种可能刚刚好能伸入
手指的侥幸和有可能被卡住的风险让我屡试不爽；于是真的有一次无法
取出手指，而去了医院

我想这是我曾经用自己的手指去丈量物体尺度的方式，而我寻找的是隐
藏在这些金属构件中，已经在那里为我准备好的戒指

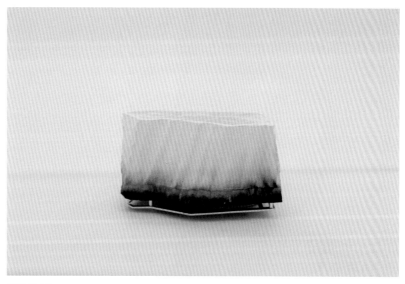

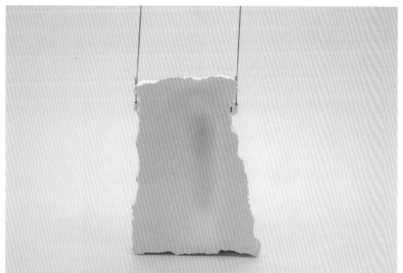

■ 李安琪，冷境系列作品，石膏、染色剂、银、钢丝
如何用视觉表达冷感觉？
这个问题贯穿本次设计，我通过材料试验，几何造型语言和色彩的运用
来营造寒冷的氛围；每个人都是复杂并且难以解释的个体，我们对他人
的了解也往往是冰山一角；我用一系列的胸针和项链来展现偶尔浮现出
皮肤表面的冰山一角

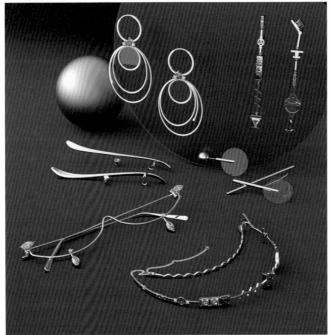

■ YVMIN 尤目，ELECTRONIC GIRL 电子女孩系列
　　此系列延续 YVMIN 尤目以往在材料探索上的创新；具有眼
镜结构的珠宝面饰，是电子女孩系列的代表性单品，它延展
了珠宝佩戴方式的更多可能性

■ 邰靖雯，冬至·密林之二，项链，银、颜料，120mm×120mm

■ 邰靖雯，冬至·静海之三，胸针，银、颜料，75mm×55mm
我的作品是关于一段生活体验的记录
我出生在北方的一座小城，深冬的夜里窗上总是结着一层冰霜，那些看起来像是卷曲花叶的家伙爬满了窗户，层叠着，好像可以通往很远的地方；它们绽放在寒冷的冬夜，却消失于轻柔的晨光。它们是寒冬的符号，诉说着关于冬天的古老寓言——冬至、阳生、循环往复；我们也和自然中的万物一样，蛰伏，等待盛放。通过提取肌理进而进行创作，试着将这些关于冬日时光的记忆物刻画在可佩戴的首饰之上

■ 闫丹婷，低俗小说·序章，3D打印树脂、黄铜、纸、不锈钢、黑玛瑙，520mm×110mm×20mm

庸俗的笑话，离奇的故事，似是而非的逻辑，他们生活在一个充满意外的世界；低俗与高雅的标准模糊并存，时间丧失，道德崩坏，那似乎不再是电影的世界

作品围绕拼贴风格的先锋影片 *Pulp Fiction* 展开创作，用首饰将电影编剪为8段故事，分别照应情节，并使其两两相对环状互补："序章""邦尼的处境（×2）""金表（×2）""文森特和马沙的妻子（×2）""尾声"；首饰和电影在相互独立又彼此关联的平行时空中，产生互文

低俗小说 Pulp Fiction，灵感来自昆汀1994年的同名电影

我对首饰的叙事性很感兴趣，一件首饰可以讲述多少故事是我思考的出发点；在低俗小说这部电影当中，导演打乱了时间线的叙事顺序，以拼贴蒙太奇的方式片段化地讲述了发生在几个主角身上的反转故事，并且故事结构首尾相连形成回环；我整理电影把它们拆分成了8个片段情节，并且正好每两个情节相互对应，合在一起组成一段完整的故事，按照这个叙事逻辑，对应到我创作的8件作品，也是这样两两对应的

作品利用现成品进行创作，一是希望现成品的可被使用感，帮助我营造故事性的氛围和气质；另外，不相干的现成品之间的荒诞对接也和电影中的拼贴剪辑手法和突变反转的剧情相呼应

关于作品的造型，我抽取那段情节中的关键物像进行创作，加入我自己的一些解读，形成电影和首饰之间的互文关系；细心的观众如果在每件作品身上停留的时间长一些，也许能发现像电影彩蛋一样的细节，比如一些文本台词，针头上的编号，打字机按钮拼成的单词等等

整组作品虽以电影作为出发点，但是除名字以外，并没有出现和电影直接相关的任何视觉元素，包括摄影的再创作、海报设计等，虽然都极力营造一种电影感，但这又是和低俗小说那部电影完全不同的；因为"小说"的英文 fiction 另还有虚构，编造的含义，所以可以理解我把控这组作品和电影之间的关系更像是两个平行时空，他们二者是独立存在的，我用物件或者说道具去呈现了一个全新的故事，但她和电影又是相互关联的；在这层关系上，也反映了我尝试寻找电影叙事和整个作品之间的互文探索

■ 闫丹婷，低俗小说·邦尼的处境2/2，不锈钢、银、玻璃，220mm×180mm×30mm

■ 闫丹婷，低俗小说·金表 1/2，首饰盒、黄铜、银、不锈钢，50mm×20mm×15mm、100mm× 110mm×50mm

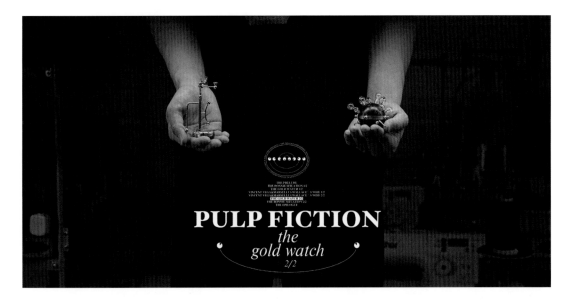

■ 闫丹婷，低俗小说·金表 2/2，塑料、玻璃、亚克力、黄铜、银、旧手表、首饰盒，170mm× 70mm×70mm

■ 闫丹婷，低俗小说·尾声，纸、漆、丙烯、牛皮、3D打印树脂、塑料、棉线、热塑性橡胶、象牙果、黑玛瑙，120mm×60mm×460mm

■ 曾志翾，陨石：A falling stone is a solemn farewell 系列作品，告别捧花 Farewell bouquet

Stone is a solemn farewell，陨石是最庄重的告别。简单来说，我试图包装陨石并赋予它新的象征

我通过杜撰的形式梳理编纂了一段从 18 世纪开始关于陨石的发展史，在文献中试图建立它与分别的象征联系；其次，我将自己置身于这个语境中，复刻了这段历史中几个重要节点的道具、绘画与文献资料

在制作阶段我先拟定了陨石特有的切割标准与评级方式，然后整理了在历史不同时期中盛行的首饰形态、符号与工艺，比如雕金、金属绘画、珐琅等；试图从首饰的形态上还原历史中的模样；其次，模拟了陨石在不同年代传播媒介中的形象，比如油画、报纸、海报等；在 1930 年的时候，广告商将陨石戒指与传统油画并置，暗示陨石作为一件艺术品的价值，从而提升人们对陨石的认可度；而在后期的报纸中，成熟稳重的男士形象手持陨石戒指，试图加强人们脑海中陨石与社会精英人士的必然联系，使得社会对陨石的购买从实用消费转为资产阶级展示财富的一种手段

这一段虚构的历史其实源自我对钻石的价值和象征性的思考，我整理了从 18 世纪开始钻石在市场中被营销的历史和不同时期广告中的形象作为我作品的方法论和整体逻辑，钻石被广告商所建立的与爱情的联系真实地提高了整个世界对钻石的需求量，到现今我们每个人似乎都认为钻石就是爱情，所以，既然钻石能代表爱情，那么陨石也能为分别代言

■ 曾志翾，离婚戒指 Divorce ring

THE WALL STREET JOURNAL.

Est. 1869　　　　　　　　　　wednesday, November 24, 1942　　　　　　　　　　Price 6d

A FALLING STONE IS A SOLEMN FAREWELL

A STORY SPARKED BY A METEORITE

■ 曾志翾，成功人士的象征 Symbol of successful people

■ 曾志翾，永别胸针 Farewell brooch

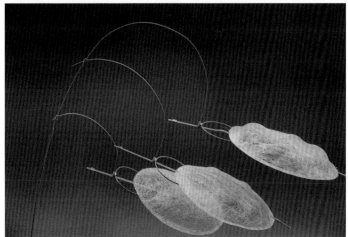

■ 陈熙，Mosquito Bites 蚊子包系列作品，2018
　由于人体对蚊子的吸引力，蚊虫叮咬已成为潜在的"首饰"，
　在这里我把蚊子叮咬的"包"看作"身体的自然装饰"
　作品建立在对蚊子叮咬的观察与身体关系的思考之上，基于"由
　肤质决定包的形态"在不同材质上对于"包"的实验与想象，
　并在对蚊子叮咬的反思基础之上，进行材料试验，衍生出视觉
　方法将其应用到首饰创作中去

■ 於珮妮，Supercalifragilisticexpialidocious，戒指，巧克力、糖、食用金箔、食用色素，可食用，
25mm×25mm×25mm

　　"Welcome to join our happiness（欢迎加入我们的快乐）"系列首饰，以币作为幸运、快乐的元素，
通过生活中一些简单惊喜的小瞬间以及有趣的形态变化与互动关系，例如：突然摸到口袋里的一枚
硬币，一盘饺子中吃到包着硬币的那一个，抛幸运币时得到期望的一面以及金币巧克力的甜蜜等等，
表达生活中的快乐其实很简单，并利用镜面与形态变化加强对首饰的物理体验和心理感受；同时，
这组作品作为Supercalifragilisticexpialidocious（苏泊豈哩）品牌的第一个自主系列中的展示部分，
希望通过首饰传递欢乐，在生活中获得简单的快乐

■ 於珮妮，Supercalifragilisticexpialidocious，戒指、掌环，牛皮、18k 金、925 银、镀金、铁、吸铁石、宝石，50mm×165mm×30mm、95mm×45mm×30mm

■ 於珮妮，Supercalifragilisticexpialidocious，项链，铜、镀金、有机玻璃

■ 於珮妮，Supercalifragilisticexpialidocious，项链，牛皮、18k 金、925 银、镀金、珍珠，230mm×360mm×10mm

第 2 章
综合材料首饰制作基础

　　综合材料首饰的制作相对于专业的贵金属珠宝首饰制作更容易被广大手工艺爱好者学习和掌握，本章将为大家介绍创作综合材料类首饰需要准备的基本工具和材料。

2.1　综合材料首饰制作的基本工具

　　首饰加工可概括为热工艺和冷工艺两大类型。热工艺，顾名思义就是需要用火焰高温对首饰进行成型加工，多用于金属工艺材质的加工；未用到高温对首饰进行加工的技术称为冷工艺。综合材料的种类非常丰富，且大部分不是耐高温材质，所以更多用冷工艺进行制作。

2.1.1　热工艺基础工具（焊接工具）

■ 可旋转焊接台

　　可旋转焊接台：台面放有耐火砖瓦，在焊接过程中台面可以旋转，便于火焰从不同方位对金属进行加热。

■　耐火砖瓦

　　耐火砖瓦：阻隔火焰给工作台带来的热量，有时候需要放置多块；耐火砖还可以敲碎后放于金属体旁作为焊接时的支撑物。

■　燃气焊枪

　　燃气焊枪：用于加热操作，焊枪头出火，后接橡胶管，可连接燃气罐、燃气管道、0 号汽油等。

■　手持火枪

　　手持火枪：小巧便携，可使用丁烷进行充气，用于小物件的加热、焊接。

■ 片状焊药

■ 粉状焊药

金属焊药：分金、银、铜等多种金属专用类型，形态有片状、颗粒粉状、条状、糊状等。不同的焊药由不同的多种金属化合物组成，熔点比焊接的金属本体低，用火熔融后可连接金属。

■ 硼砂粉

硼砂粉：一种助焊剂，呈干燥粉末状，加入清水可调制成糊，将其放入未上釉料的硼砂专用陶瓷碗，在焊接金属时用小毛笔涂抹在所需部位，协助焊接，可使焊缝均匀、干净。

■ 钢镊子

钢镊子：用于夹取金属。

■　绝缘反向镊子

绝缘反向镊子：此类镊子分为直嘴和弯嘴两种，镊尾有隔热绝缘胶皮。当挤压镊子时，镊子口会张开，而且有一定的抓取力度，一般用于固定需要焊接的金属。

■　捆绑丝

捆绑丝：多为细钢丝或铁丝，对多个金属部件进行焊接的时候，用其捆绑固定，焊接操作更容易。

■　焊接辅助锥

焊接辅助锥：当焊药熔化后，可使用金属的焊接辅助锥对其进行导引，使之围绕接缝处流动。

■　淬火碗

淬火碗：可选用加厚的钢化玻璃器皿，放入清水，用于金属物体淬火后的迅速降温。

2.1.2　冷工艺基础工具

对于大部分首饰制作者来说，收集各种工具是一大乐趣。一些基础工具可以在市场上买到，但是有趣的特殊工具或者限量版工具就需要慢慢收集，专业的首饰制作师还会根据自己的需要研发和定制特殊工具，往往需要花费多年时间才能收集到相对齐全的装备。由于质量好的工具本身价格不菲，所以在首饰工具市场中有不少二手工具也非常抢手，某些工具在使用多年之后操作起来比崭新的工具更顺手，如一把好的二手锤子比新锤子更抢手。但是在购买二手工具的时候也要仔细检查，如有严重划痕或不再标准的工具，就没有必要购入。在购买崭新工具时，不要贪图便宜，过于廉价的工具通常使用寿命短，使用效果差并且容易损坏，性价比较低。

1.专业首饰工作台、打金台

每位珠宝首饰工作者都需要一张适合自己操作的工作台。在早期的首饰加工厂中，大多是几位首饰制作工匠集中在一整张很长的工作台上一起工作，每个人有一个切割成半圆形的独立工作区域。而现在大多数首饰制作工匠使用独立工作台，减少相互影响，有利于个人操作，并且可以根据需要对工作台进行设计定制，或者购买成品。

■ 中央美术学院首饰专业工作室

2. 普通桌子改造首饰工作台

如果手工艺爱好者希望在原有的工作桌上设立首饰加工部分，可以选择将活动台钳固定到桌子上，再购买首饰所用的木台塞，这样可以搭建一个简易的首饰工作区域。由于普通的书桌高度比首饰工作台要低，所以可搭配有升降功能的座椅，将椅子调整到适合高度，这样操作起来比较舒适，并且可以缓解肩颈腰椎的疲劳。

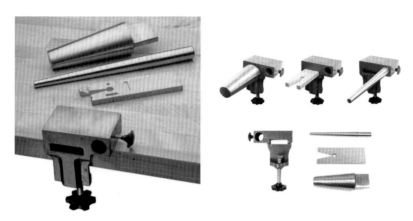

■ 可拆卸台钳工具系列

　　设计师和工匠可以按照自己的喜好来排列工作台上的工具。摆放时首先要考虑是否能随手拿到经常使用的工具，可以在工作台前坐下，试想每样东西放在哪里最合适、最便利。随着不断使用，每个人都可以排列出最适合自己操作动线的工具材料摆放方式。

■ 个人工作台

3. 测量工具

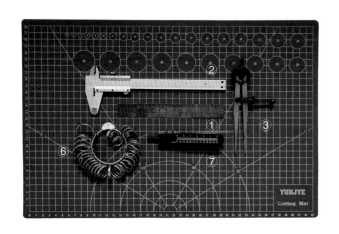

■ ①钢尺；②游标卡尺；③圆规；④直角尺；⑤戒指棒；
⑥戒指圈；⑦针尖圆规

钢尺：刻度需要分别有公制和英制，长度可选择 20cm~
50cm，制作稍大的作品时更方便。

游标卡尺：首饰制作中最常用的测量工具之一，它可以测量
物件的长度、宽度、厚度、外径、内径、深度等，并且精密度高，
适合测量体积尺寸较小的首饰。

圆规：两脚都是不锈钢金属制成的圆规在首饰制作中用途很广，
可以先从钢尺或其他物件上测取相应尺寸，然后绘制到金属材料上，
也可以对材料进行分段切割、做记号，绘制平行线、圆弧、圆圈等。

直角尺：用来检测 90°角的度量尺，同时也可用来检测物
体是否垂直顺滑。

戒指棒：用来测量已有戒圈尺寸号码的工具，通常为铝制锥
形棒，上面标记着与戒圈相应的尺码号。

戒指圈：一般由不锈钢材质从小到大的戒圈组成，在定做戒
指时可以运用该工具测量出手指戒圈的尺寸，在亚洲地区通常用
港码来换算尺寸。

针尖圆规：两脚均为极细钢针，功能与普通金属圆规相同，
但操作、定位更为精细，适合在较小的部件上使用。

4. 切割工具

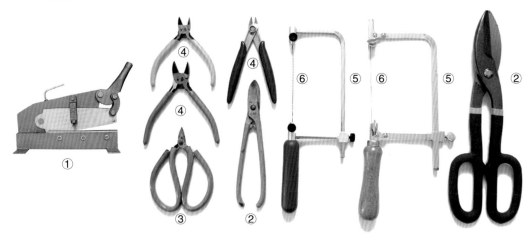

■　①剪板机；②手钢剪；③小钢剪；④斜口剪钳；⑤锯弓；⑥锯条

剪板机：首饰工作室经常会用到剪板机，型号较多，分手动和电动。手动剪板机一般固定在桌子上，样子像一个铡刀，金属板材和线可以通过裁剪台进行分割，但是该工具对较厚的金属板材不适用，如大于 2mm 厚的金属板材，切割时容易变形或者出现剪裁困难的情况。

手钢剪：有很多尺寸，多用于剪切较薄的金属板材，缺点是剪切时金属板材容易变形。

小钢剪：一般用于裁剪像焊料之类非常薄的金属片。

斜口剪钳：一般用于裁剪金属线。

锯弓：用锯子切割金属材料是首饰制作中基本且常用的技法，所以选择一把好的锯弓非常重要。锯弓分为可调整弓身长度型和固定长度型，可以根据自己的需求选择合适的款式。

锯条：配合锯弓使用，锯条由碳钢类材料制成，可用来分割金银铜等常见金属。锯条是有粗细划分的，尺寸一般从最细的 8/0 号到最粗的 14 号，分割制作精细的首饰可用较细的锯条，分割较厚的金属则选择较粗的锯条。常用到的锯条尺寸为 4/0 号到 4 号。例如，在制作贵金属珠宝类的首饰时，为了尽量减少贵金属的损耗，一般会选用 4/0 号的锯条来切割材料。

5. 弯折工具

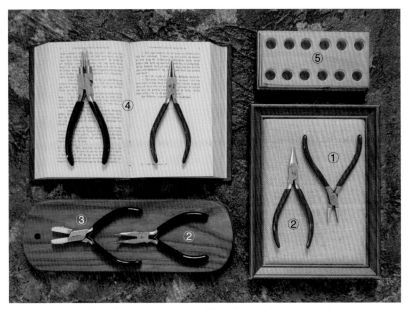

■　①平嘴钳；②尖嘴钳；③平行钳；④圆嘴钳；⑤工具放置架

平嘴钳：钳嘴两侧为平面，可用于夹紧、对折金属片，拉紧拉直金属丝等，闭合金属环也经常用到该工具。

尖嘴钳：钳嘴为锥形，可用于弯折金属线等，可以深入一般工具较难到达的部位。

平行钳：钳嘴内侧无锯齿或采用硬塑胶材料制作，多用于夹紧、对折、弯曲或解开金属丝打的结，不易在金属材料上留下痕迹。

圆嘴钳：用于金属丝弯折、制作金属环、曲线造型等。

工具放置架：可将工具把手插入孔洞，直立收纳摆放。

6. 锉修工具

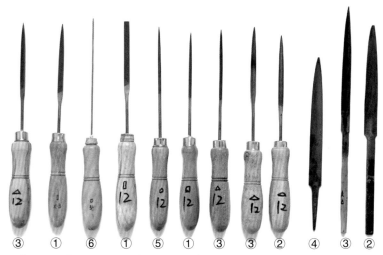

■ ①平锉；②半圆形锉；③三角锉；④油光锉；⑤圆锉；⑥针

平锉：有多种型号，粗细不同，常用于修整金属使之平滑、清理焊接口等。

半圆形锉：有多种型号，粗细不同，常用于修整戒指或环形金属内部等。

三角锉：多种型号，粗细不同，常用于锉出凹槽以及打磨较难操作的金属部位。

油光锉：多种型号，锉齿相对较细，可将金属饰物处理得相对精细。

圆锉：多种型号，粗细不同，常用于修正孔洞以及细窄部位。

针：用于处理细缝、衔接部位，也可包裹砂纸打磨精细部位。

7. 成型工具

■ 羊角砧

羊角砧：用于塑造形体，可直接放在工作台上使用。

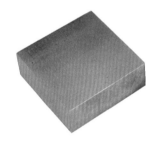

■ 平铁

平铁：结合锤子可用于敲平金属片等。平铁一定要保持清洁和光滑，一旦出现印痕，需要马上保养，不然会影响使用效果。

窝砧、窝錾：结合使用可用于制作球面、弧面金属。

坑铁、成型棒：结合使用可用于制作金属凹槽和金属管。例如，可将需要加工的金属放入坑铁的凹槽中，把成型棒放在金属上，用锤子敲打金属杆，即可制成拱形的金属造型。

■ 窝砧、窝錾、坑铁、成型棒

8. 敲打工具

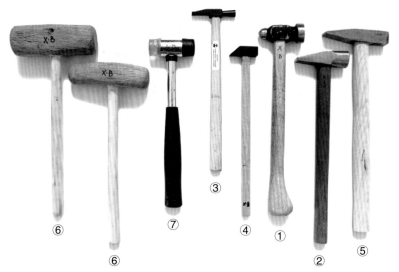

■　①整平锤；②錾花锤；③铆钉锤；④方锤；⑤肌理锤；⑥木槌；⑦橡胶皮锤

整平锤：有两个锤头，一个锤头呈圆形凸起，一个锤面较平，用于敲平金属以及制作肌理。

錾花锤：也叫平凸锤，平锤头用于敲打，凸锤头用于肌理制作。

铆钉锤：非常轻巧，锤头很小，多用于精细的肌理制作。

方锤：有多种型号，通常为 4 分至 8 分锤型号，多用于首饰金工的精细制作。

肌理锤：锤头的表面布满凹凸不平的肌理花纹，可快速敲打出相应肌理，这种锤子很多都是由匠人自己定制的。

木槌：用于金属整形。

橡胶皮锤：用于塑形和整形，操作中不易在金属表面留下痕迹。

9. 钻具

■ 电动吊机

电动吊机：安装在工作台上的一种电机，可提供动力，旋紧夹头可高速旋转，它可以搭配不同型号的钻头、砂轮、抛光用具进行操作，在首饰制作中的使用率非常高。

■ 台钻

台钻：安装在工作台或者桌面上的电钻，用于物体打孔。

■ 手动钻

手动钻：可安装不同型号的钻头，用于物体打孔。

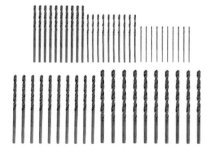

■ 麻花钻头

麻花钻头：多用钢材制成，型号粗细不同，可安装于电动吊机、台钻、手动钻上。

■ 钢机针

钢机针：有多种形状大小，例如圆柱形、圆锥形、火焰形、圆头形、钻石形等。安装在吊机上，可对物体进行切磨、塑形或用于肌理制作。

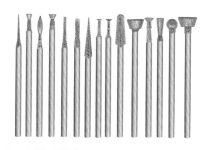

■ 金刚砂机针

金刚砂机针：有多种形状和尺寸，由氧化铝粉末或坚硬的矿物质制成，安装在吊机上可用于切磨金属。

10. 胶粘工具

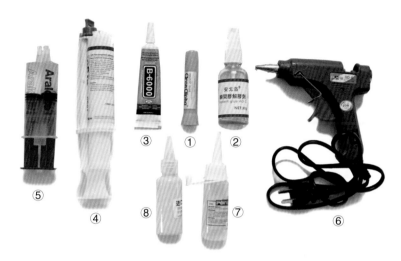

■ ① 502 速干胶水；② 502 胶水解除剂；③ B-6000 万能胶水；④ 超强 AB
胶 12 小时慢干型；⑤ 超强 AB 胶 30 分钟速干型；⑥ 热熔胶枪与胶棒；
⑦ 酒精纤维胶；⑧ 太棒木工胶

502 速干胶水：3~5 秒速干，操作时间非常短，常用于细小
孔洞、缝隙的粘接，如珍珠与金属配件等的连接。

502 胶水解除剂：用于解除 502 胶水，将解除剂喷在胶水
表面，胶水会迅速溶解，用纸巾或干布将黏稠物擦除即可。

B-6000 万能胶水：多功能慢干型胶水，常用于塑料、陶瓷、
木材、金属等的粘接，1~2 小时固化，完全固化通常需要 12 小时
以上。

超强 AB 胶 12 小时慢干型：A 胶与 B 胶按照说明书比例搭
配，均匀混合后进行使用，常用于宝石、金属、塑料、陶瓷、
木材等的粘接，12 小时后完全固化，黏性超强。

超强 AB 胶 30 分钟速干型：A 胶与 B 胶按照说明书比例搭
配，均匀混合后进行使用，操作时间在 20~30 分钟，黏性超强。

热熔胶枪与胶棒：将胶棒放入胶枪后连接电源进行加热后挤
出使用，常用于纤维材质，如布料类的粘贴。

酒精纤维胶：常用于纤维材质，如布料类的粘贴。

太棒木工胶：用于粘贴木质材料。

关于热、冷工艺的深入学习，可参考系列丛书之《创饰技　金属首饰的制作奥秘》《创饰技　串回 Vintage 的时光》，书中详细介绍了各类首饰工具材料的性能，示范了多种工艺制作的方法技巧。

2.2　综合材料首饰制作的基本材料

制作综合材料首饰需要准备的材料可以天马行空地选择。发挥创造力，不论是贵重的材质，还是看起来已经废弃的旧物，只要能够更好地表现首饰作品，都是具有意义的材料。

2.2.1　金属类材料

1. 常用材料

黄铜、紫铜、足银、925 银、足金、金合金（K 金）、铁、铝、钛等。

2. 购买渠道

五金店以及线上金属材料专营店。

3. 基本操作方法

市面出售的金属材质多为片状、条状、线状等，厚度、直径的尺寸有多种，可用锯切、弯折、钻类工具造型；金、银、铜材质退火淬火后可用成型、敲打类工具进行锻打、錾刻、焊接等；加热熔化后可进行浇铸操作；最后可用打磨类工具进行表面处理。详细学习可参考系列丛书《创饰技　金属首饰的制作奥秘》《创饰技　首饰塑型与翻模之道》。

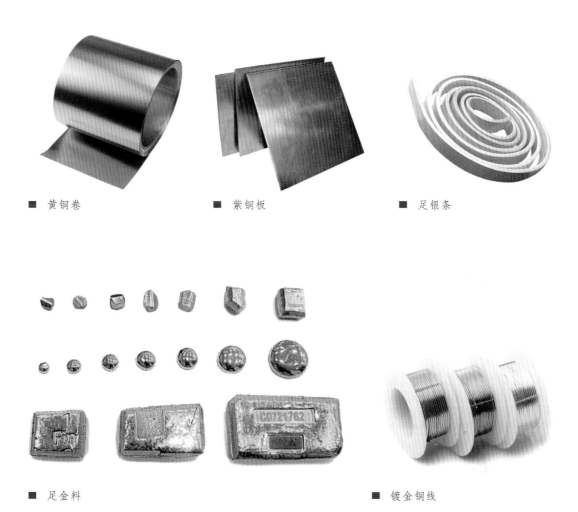

■　黄铜卷　　　　　　■　紫铜板　　　　　　■　足银条

■　足金料　　　　　　　　　　　　■　镀金铜线

2.2.2　天然有机类材料

1. 常用材料

木质类材料、干花果实、贝壳、动物骨骼、犄角、皮革、羽毛等。

2. 购买渠道

木质类材料在古玩市场以及线上木料类专营店有售；干花果实在花艺市场及线上花艺类辅料店有售，也可收集森林、花圃中自然掉落的材料；贝壳、动物骨骼、犄角、皮革、羽毛等在服装辅料市场以及线上手工类辅料店有售。

3.基本操作方法

（1）木质类材料：市面出售的工艺类木料多为小红木类的硬木，如紫光檀、微凹黄檀、红檀等，品种多、硬度高、含油量佳、尺寸多样，较为适合制作小摆件、首饰等工艺品。可配合木工专用工具，如木工锯、线锯、木工刻刀、木锉刀、钻具、砂纸打磨工具等进行锯切、雕刻、穿孔、抛光等工艺制作；也可通过CAD、精雕类软件设计图形，再用CNC雕刻类机器进行锯切、雕刻等。具体可参考第3章3.4木制品类首饰。

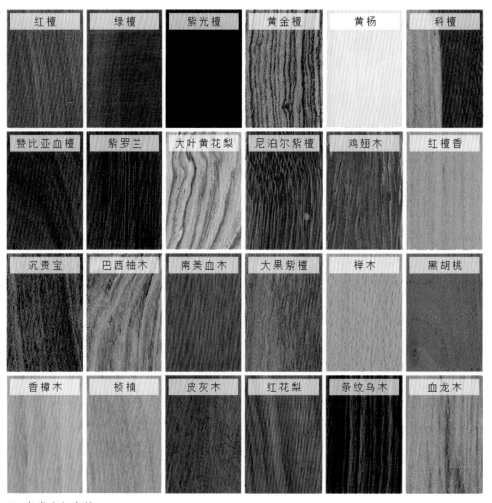

■ 各类小红木料

■ 谢白，沙漠之花系列作品，紫光檀、斑马木、微凹黄檀、红檀、
　沉贵宝、天然珍珠、925 银镀金，60mm×40mm×20mm

■ 小红木镯子料

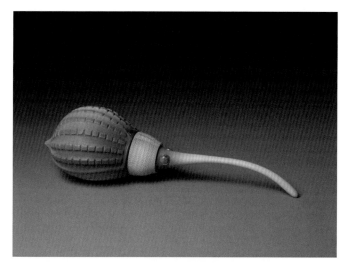

■ Louise Hibbert，Curculio Box，梧桐木、银、不锈钢、丙烯、墨水、绿松石

　　（2）干花果实、贝壳、动物骨骼、犄角、皮革、羽毛等材料：
可与线材、纺织类材料搭配，结合缝制、胶粘类工具制作；可用
锯切、钻孔类工具进行造型处理，与金属材料结合制作绕线、镶
嵌类作品。

■ 各种形态的贝壳

■ 谢白，海边谜语，耳饰，贝壳、海竹、水晶、
　陶瓷、金色喷漆

■ Silvia Furmanovich，Santa fe 系
　列 Orance coral 耳饰，18k 金，
　钻石，珊瑚，贝壳

■ Silvia Furmanovich，Red feather 耳饰，18k 金，
　钻石，羽毛

■　谢白，山林间系列，森林拾遗的果实

■　谢白，山林间系列首饰，自然脱落果实风干后制作

■ 谢白，舞蹈音乐史诗《千秋计量》中黄帝
头饰，羽毛、仿皮草、贝壳等

■ 谢白，舞蹈音乐史诗《千秋计量》中伏羲
项饰，羽毛、仿狼牙、亚克力珠、纺织材
料等

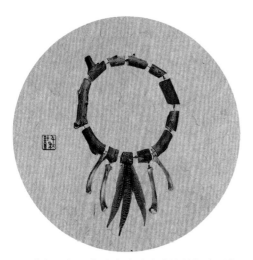

■ 谢白，舞蹈音乐史诗《千秋计量》中男初
人项饰，羽毛、仿兽骨、木头

■ 谢白，舞蹈音乐史诗《千秋计量》中女初
人头饰，羽毛、金属

■　谢白，舞蹈音乐史诗《千秋计量》中黄帝蚩尤大战剧照，人物造型配饰设计

■　谢白，舞蹈音乐史诗《千秋计量》中伏羲剧照，人物造型配饰设计

2.2.3　宝玉石材料

1. 常用材料

宝石是指天然生成的矿物质，一般为单晶体或晶体的一部分。玉石严格意义上属于岩石，是指由大量细小颗粒组合成的同种单晶体。常见玉石有和田玉、翡翠、岫岩玉等。宝石按照材质分无机宝石与有机宝石，无机宝石是指自然界产出的矿物晶体，如钻石、红宝石、碧玺等；有机宝石又名生物宝石，由古代生物和现代生物作用所形成，与动物或植物活动有关，如珍珠、珊瑚、琥珀、玳瑁等。按照成因分天然宝石与人工宝石，天然宝石产于大自然，具有美丽、耐久、稀少等性质；人工宝石又分为人造宝石、合成宝石、拼合宝石、再造宝石等。按照珍贵程度和行业常用叫法又分五大名贵宝石与半宝石，五大名贵宝石分别为钻石、祖母绿、红宝石、蓝宝石、金绿宝石，此类宝石美丽稀少、价值昂贵，品相好的具有收藏投资的价值；半宝石产量相对较大，价格较之名贵宝石更低，包含的种类非常多，如海蓝宝、摩根石、石榴石、橄榄石、托帕石、月光石、绿松石、碧玺、水晶等。

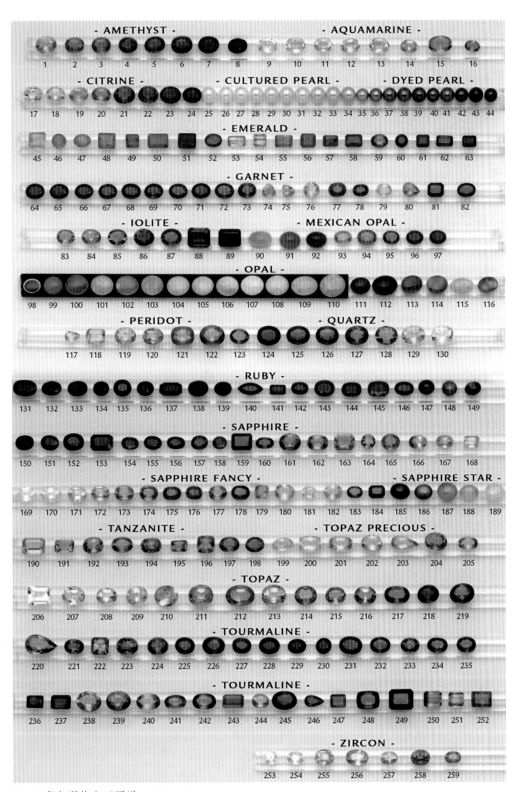

■　五彩斑斓的宝石图谱

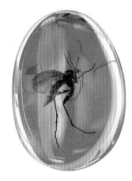

■ 钻石，无机宝石、五大名贵宝石

■ 祖母绿宝石，无机宝石、五大名贵宝石

■ 红珊瑚，有机宝石

■ 琥珀（虫珀），有机宝石

2. 购买渠道

宝玉石交易市场、珠宝展、珠宝会所、线上珠宝玉石专营店。名贵珠宝的购买需要挑选有口碑、售后服务好的商家，具备正规检测机构开具的证书，国际珠宝鉴定机构证书 GIA、GRS、Gübelin、国家珠宝玉石质量监督检验中心证书 NGTC 等。

3. 基本操作方法

可与金属类材质结合，制作镶嵌类珠宝首饰；带有孔洞的珠子也可结合金属丝、线材类材料制作绕线、编织、串珠类首饰。

■ Pomellato，Iconica 玫瑰金戒指，镶嵌粉色碧玺、橙色蓝宝石、蓝宝石、绿柱石、沙弗莱石、红色尖晶石、蓝色锆石、坦桑石、翠榴石、红宝石、橄榄石

■ Silvia Furmanovich，Stones 耳饰，祖母绿、珊瑚、钻石、玛瑙、18k 金

■ Kat's Curls，绕线工艺手镯，铜丝、拉长石

■ 编织、缝制工艺胸针，人工合成宝石、玻璃珠、亚克力、纺织材料等，Lilya_zabbarova

2.2.4　树脂橡胶类材料

1. 常用材料

环氧树脂（AB 滴胶）、丙烯酸塑料（亚克力）、硅橡胶等。

2. 购买渠道

环氧树脂（AB 滴胶）在化工商店以及线上手工材料专营店有售。硅胶可在化工商店以及线上硅胶专营店购买，许多模型翻制材料店也会出售（翻制模型、制作模具常用到硅胶材料）。丙烯酸塑料（亚克力）在广告展示类设计加工店以及网络亚克力专营店均可购买，颜色、尺寸丰富，以板材为主。

3. 基本操作方法

（1）环氧树脂（AB 滴胶）：可与色精、干花、造型配件、硅胶模具等材料结合制作。按照滴胶说明书进行配比，搅拌均匀后倒入模具，凝固后呈透明状，如果想改变色彩，需在配比时加入色精或色膏调色，也可将干花、贝壳、小工艺品等放入模具，再将滴胶滴入，凝固后便可将其封存在滴胶之中。

滴胶工艺的制作方法有多种，大家可以展开思路多多尝试，可参考第 3 章 3.2 树脂类首饰。

■ 环氧树脂（AB 滴胶）

■ 滴胶专用色精

■　透明的滴胶下可以替换不同的色彩图案

■　硅胶模具、翻制完成的滴胶吊坠

■　谢白，冰山生灵·乌拉尔山，吊坠，水晶树脂、
　　玻璃、925 银

■　谢白，冰山生灵·喀什噶尔山，耳线，水晶树
　　脂、珊瑚、菩提果、925 银

（2）硅胶：该原料呈黏稠液体状态，有半透明和乳白色两种，加入比例正确的固化剂搅拌均匀后会逐渐凝固，也有 A 胶、B 胶混合后固化的硅胶产品。硅胶的具体性能和首饰制作案例可阅读第 3 章 3.1 硅胶类首饰。如果想了解硅胶翻制模型及制作模具的工艺，可参考系列丛书之《创饰技 首饰塑形与翻模之道》，书中对其做了详细示范讲解。

■ AB 树脂胶混合固化类硅胶

■ 硅胶珊瑚模具及石膏浇筑、丙烯上色的珊瑚模型

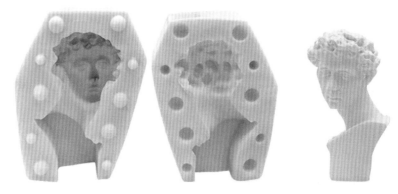

■　朱利亚诺·美第奇硅胶模具及树脂材质浇筑的小雕像

（3）丙烯酸塑料（亚克力）：亚克力材质在日常生活中随处可见，大到建材建筑装饰，小到钥匙扣，都有亚克力材质的身影。亚克力材质色彩和型号繁多，价格便宜，深得大家喜爱，最常见的是亚克力板材。制作亚克力首饰所用到的工艺也相对简单，可结合锯切、钻具、打磨类工具进行制作，将板材切割成所需图案，也可用 CAD 类软件制作图案，运用激光雕刻机器进行切割；亚克力板材之间可用透明质地的胶水粘接，也可钻洞后用金属环连接。

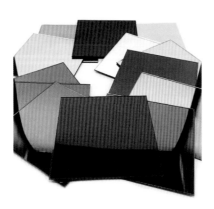

■　镜面、透明亚克力板材

■　磨砂亚克力板材

■ 激光切割亚克力板

■ Tatty Devine，制作亚克力首饰

■ Wolf & Moon，亚克力板材切割工艺制作的首
饰作品

■ Wolf & Moon, Pomegranate Statement 项链，
亚克力、木板、金属配件

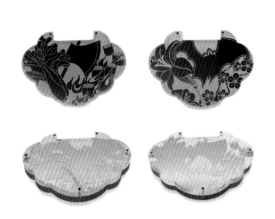

■ 吴冕，白富美双面嵌金如意锁，亚克力、金箔、黄铜

■ 谢白，WhiteFactory 白工厂，House of Cards 纸牌屋系列

2.2.5　纤维类材料

1. 常用材料

各类编织线材、毛线、纺织材料、羊毛毡、环保皮草等。

2. 购买渠道

服装辅料、面料市场，线上辅料、面料店。

3. 基本操作方法

线材可通过编织手法制作出多种多样的首饰；面料类如布料、花边、环保皮草等，可用缝制、粘贴等手法进行制作；羊毛毡配合戳针等工具可以制作立体精致的工艺品；纤维类材料还可以与树脂类材料结合，如将布料、线绳等封存在滴胶中，创作有趣的首饰。

■ 编织专用线材

■ 毛线

■ LOTUS MANN，皮绳编织手链

■ LOTUS MANN，棉线编织手链

■ 羊毛材料

■ 王鑫，狗狗墩墩，羊毛（西班牙短纤羊毛与可瑞黛尔羊毛）、玻璃半球、树脂黏土等，125mm×115mm，针毡与植毛工艺

■ 王鑫，生病的橘次郎，针毡，羊毛（西班牙短纤羊毛）、玻璃半球、金属胸针配件，铁艺玻璃盒等，60mm×65mm

■ 王鑫，树耳和小猫头鹰，羊毛（西班牙短纤羊毛与可瑞黛尔羊毛）、玻璃半球、速成钢、方铜管、铝丝等，160mm×240mm，针毡与植毛工艺

■ 白金生，布老虎，旧纺织材料

■ 〔清〕绢花发簪

2.2.6 着色及表面处理类材料

1. 常用材料

漆、喷漆、光油、油性漆笔、丙烯、色粉、金属效果粉末颜料、特殊材质着色颜料、特殊效果颜料、沙石胶、塑型膏等。

2. 购买渠道

线上线下画材专营店。

3. 基本操作方法

（1）漆、喷漆、光油、油性漆笔：由于首饰具有佩戴的功能性，所以表面通常会选用防水防油污的材料进行处理。漆主要分天然大漆与化学漆，大漆需采用专业漆艺制作方法，较为复杂，此处不做阐述。化学漆种类多样，形态可分液体漆、罐装喷漆、油性漆笔等，可对木质、金属、塑料等大多数固体材质进行上色；光油属于透明喷漆，有亮光效果和亚光效果，均匀喷在固体物上，起到保护物体表面的功效。注意，在选取化学漆的时候需选用对人体无害的环保漆。

■ 多色液态油漆

■ 罐装喷漆、光油

■ 金属色油性漆笔

（2）丙烯：颜色丰富，加水或丙烯专用媒介剂调匀后即可绘制使用，也可配合专用喷枪上色；也有丙烯马克笔、丙烯罐装喷漆，使用更便利，具有一定防水功效。

■ 罐装丙烯颜料

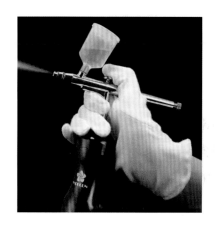

■ 手持丙烯喷枪
气压作用可使颜料雾化后喷出，
具体操作需参考喷枪说明书

■ 丙烯马克笔

■ 丙烯喷漆

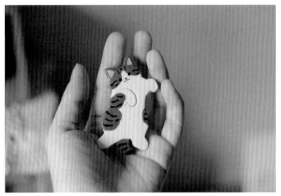

■ 擦擦 caca，温暖生活系列胸钊，石塑黏土、丙烯颜料、水性亮油、合金配件

■ Louise Hibbert，Coleoptera Boxes，梧桐木、银、不锈钢、丙烯、墨水等

（3）沙石胶、塑型膏：该类产品可对固体物进行肌理制作，如想更换颜色，可与丙烯颜料调和后使用。具体操作需依照产品说明书进行。

■ 沙石胶

■ 沙石胶可与丙烯颜料混合使用，制作肌理效果

■ 塑型膏可与颜料混合使用，制作肌理效果

■ 吕洋，安缇比斯，耳环，塑型膏、金箔、铜包 18k 金配件

（4）色粉：常用于绘制树脂黏土制作的装饰品，该类颜料不具备防水效果，绘制后可用透明的光油、滴胶等进行封层，起到防水防污的作用。

■ 色粉笔

■ 色粉绘制的树脂黏土娃娃头

（5）特殊材质着色颜料：该类颜料有许多种，如玻璃颜料、陶瓷颜料、纺织颜料等，可针对不同材质进行着色。具体操作需依照产品说明书进行。

■ 玻璃颜料，可直接在玻璃制品上进行绘画，干燥后不易脱落

■ 陶瓷颜料，可直接绘制在陶瓷材质表面，后期无需加热，干燥后不易脱落

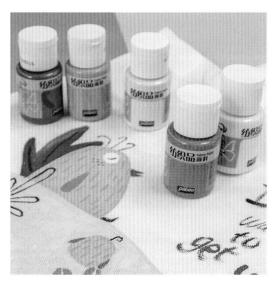

■ 纺织颜料，可直接绘制在纺织材料上，水洗不易脱落

（6）特殊效果颜料：该类颜料趣味性十足，使用后会自动形成月雾效果、结晶效果、珐琅效果、立体效果等，品类丰富，是制作特殊表面效果的好帮手。具体操作需依照产品说明书进行。

■ 梦幻结晶效果颜料使用样本　　　　　■ 梦幻结晶效果颜料

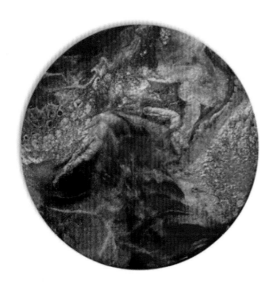

■ 月雾效果颜料、丙烯、金粉等材料混合效果 　　■ 月雾效果颜料

■ 立体球珠效果笔，可用于绘制织物品 　　■ 立体勾线颜料笔

2.2.7 塑形类材料

1. 常用塑形材料

软陶泥、石粉黏土、树脂黏土、陶泥、水泥、石膏、纸品、热缩片、各类性质稳定无污染废弃品等。

2. 购买渠道

文具用品店、五金店、线上手工材料类专营店。

3. 基本操作方法

（1）软陶泥：颜色丰富，可采用雕塑、陶艺类手法塑形，然后用烤箱、吹风机、高温水煮等方式加热后定型，详细介绍及制作案例可参考第 3 章 3.3 软陶类首饰。

■ 多色软陶泥

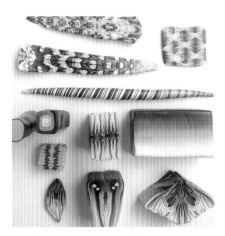

■ Pamela Carman，软陶
可进行叠加、搓揉、包裹等多种工艺手法的制作

（2）石塑黏土：可采用雕塑、陶艺类手法塑形，自然阴干，可搭配着色类材料如喷漆、丙烯、色粉、色精、光油等进行绘制，具体操作需依照产品说明书进行。

■ 石塑黏土

■ 多呈灰白色泥状

■ 擦擦 caca，温暖生活系列胸针，石塑黏土、丙烯颜料、水性亮油、合金配件

（3）树脂黏土：又名冷瓷，质地细腻，适合制作细节丰富的作品，如动植物、人物，塑形后可用色粉、色精类颜料上色，可制做出精美的雕塑、首饰等作品。需注意该材质不具备防水功能。

■ 树脂黏土

■ Liubov Miro，La Florterra，植物、昆虫雕塑作品，树脂黏土

■ Liubov Miro，La Florterra，多肉植物雕塑作品，树脂黏土

（4）陶泥：可采用雕塑、陶艺类手法塑形，分自然阴干类及窑炉烧制定类，可搭配着色类材料上色。

■ 多色陶泥

■ 谢白，奔跑的星球，陶瓷手珠

■ Michele Fabbricatore，San Giorgio e il Drago 陶艺雕塑

（5）水泥、石膏：加水进行调和后塑形，可搭配模具、着色类材料使用，详细介绍及制作案例可参考第三章 3.5 混搭材质类首饰。

■ 石膏粉，可混合色粉进行调色　　　　　■ 石膏粉加入适量水均匀搅拌成糊状后，倒入模具或涂抹塑形

（6）纸品类材料：纸品是生活中最常见的材质，分类颇多，如绚烂的印花彩纸、带有肌理纹路的艺术纸，本身就具备良好的装饰性。餐巾纸、宣纸等也是经常用到的创作材质，该类纸遇水会粉化，可捏制各种形态，晾干后呈固态，后期可用丙烯等颜色上色，制作出纸浆塑形类的首饰作品。纸张还可以用裁剪、折叠等工艺制作首饰。

■ 周红，万年青，纸艺品雕塑

■ Sharon Armstead，手镯，纸制品

■ 谢白，致敬 NO.1 系列，左马胸针，丝印纸、木头、铜合金、珍珠

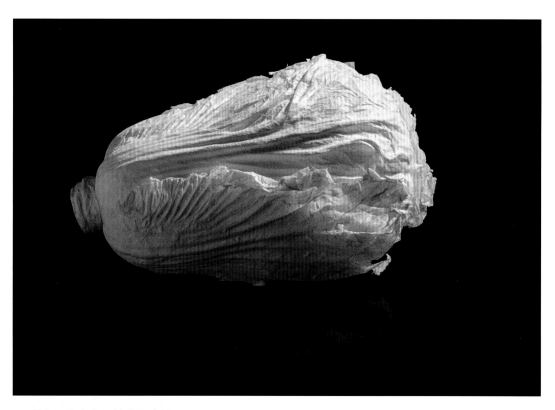

■ 周红，大白菜，纸艺品雕塑

（6）热缩片：将热缩片裁剪成所需形状（后期加热热缩片会等比例缩小，裁剪时需适当扩大尺寸），用彩铅、色粉等进行图案绘制后用热风枪加热，最后用滴胶、UV 胶等透明胶水封层。

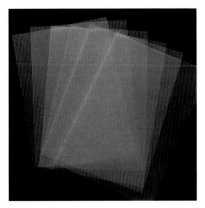

■　热缩片

■　热风枪

■　守艺，桂花月兔发簪
　　将图案等比例放大剪切后进行
　　绘画，用热风枪加热后热缩片
　　收缩，最后用滴胶对表面封层
　　并安装配件

■　也可将图案直接打印在热缩片上，
　　剪下后直接进行热风收缩制作

第 3 章
综合材料首饰制作展示

3.1　硅胶类首饰

在当下的首饰艺术创作中，跨界、跨材料的融合类作品越来越受大众喜爱。其中不得不提的是硅胶，它以自己独特的液态塑形特色赢得了许多设计师的青睐。

■　宋鑫子，兮索，项链，硅胶

■　宋鑫子，兮索，戒指，硅胶

■ 宋鑫子，兮索，胸针，硅胶

■ 宋鑫子，兮索，手镯，硅胶，

3.1.1　硅胶的化学及物理性能

　　硅胶又名硅酸凝胶，英文名 Silica gel，主要成分是二氧化硅，化学性质稳定，耐火耐低温。通常我们接触的硅胶是一种高活性吸附材料，不溶于水和任何溶剂，无毒无味，弹性、柔韧性佳，配合固化剂使用，便捷且易塑形。

　　硅胶制品根据成型工艺的不同可以分为以下几类。

　　塑形、模压硅胶制品：是硅胶行业中运用最广泛的，主要用于工业配件、冰格、蛋糕模等，在艺术设计中也有许多硅胶制作的设计品模具和艺术品等。

　　挤出硅胶制品：多为长条管状，可随意裁剪，常用于医疗器械、食品机械中。

　　液态硅胶制品：通过硅胶注塑喷射成型，因其柔软的特性，多用于制作仿真人体器官等。

■ 谢白、谢周强，Touch my body 系列，硅胶、综合材料，2011
作者与父亲合作完成此系列作品；作品中出现的手、耳以及面部，由作者身体部位翻模后浇注硅胶制作而成，其中孩童面部采用作者 6 岁时留下的石膏面具翻模后制作

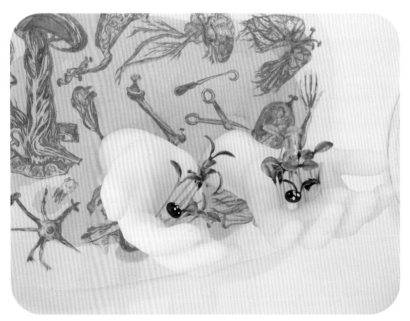

■ 谢白、谢周强，Touch my body·有机，硅胶、综合材料，
300mm×400mm，2011

3.1.2　硅胶的常用工艺操作方法

硅胶未加入固化剂时，呈流动的黏稠液体状，如果需要固化成型，需要将硅胶与固化剂按照 100∶2 或 100∶2.5 的比例进行配比（或按照品牌说明书的操作配比），如：取 100g 硅胶，加入 2g 左右的固化剂，顺时针进行搅拌。注意固化剂和硅胶一定要往一个方向搅拌均匀，如果搅拌不匀，会出现部分硅胶不固化的现象。正常情况下，硅胶会在半小时后开始反应，2~3 小时后完全凝固，如需加快凝固速度，可适量多加入一些固化剂，或用吹风机热风加热。如果用硅胶进行翻模工艺，建议 12 小时后进行脱模，这样成功率较高。如果搅拌硅胶时产生气泡，可用抽真空机进行消除。由于硅胶较为浓稠，如果需要增强流动性，可按照 100∶10 的比例加入硅油搅拌均匀（或按照品牌说明书操作配比）。

常用的硅胶为半透明色和白色，如果想变换硅胶的颜色，可以加入专用的硅胶色膏或油画颜料，顺时针均匀搅拌，即可获得需要的色彩。

■ 半透明硅胶（柔韧性较强）　　　　■ 乳白色硅胶

2.1.3 硅胶类首饰设计制作

结合硅胶以上的几种性能，我们可以运用艺术的创作手法学习实验并制作硅胶类的首饰作品。

1. 梦的折叠硅胶胸针（示范：谢白，工艺：宋鑫子）

■ 谢白，梦的折叠，胸针，硅胶

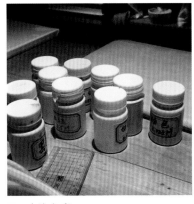

■ 硅胶色膏

1

取适量硅胶和等比例的固化剂进行搅拌，搅拌均匀后再加入色膏搅匀

2

调配好多种颜色的硅胶，准备一块软的塑料垫板或者小油画框，将硅胶按照需要的颜色顺序缓缓倒在上面

3

上下左右旋转画框或垫板，让硅胶均匀流淌

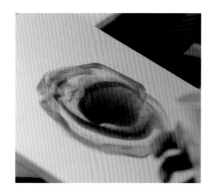

4

可按照自己的喜好进行硅胶配色

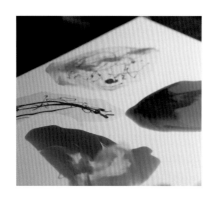

5

静置 3 小时左右硅胶凝固，如果想加快凝固速度，可用电吹风进行均匀加热，约 20 ～ 30 分钟即可凝固

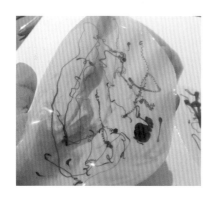

6

取下硅胶皮，按照自己的喜好进行折叠

7

准备一个大瓶盖或者其他塑料容器，装入适量流体硅胶后，再将折叠好的硅胶皮放进去进行凝固，使两种硅胶粘合在一起

8

等硅胶全部固化后装上胸针扣，即制作完毕

■ 宋鑫子，兮索，项链，硅胶

■ 宋鑫子，兮索，胸针，硅胶　　　■ 宋鑫子，兮索，项链，硅胶

2. 思结硅胶耳饰（示范：谢白）

　　■　谢白，思结，硅胶耳饰

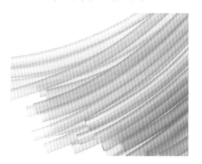

准备硅胶管子，用注射器吸取调好色的硅胶注入管中，凝固后按照自己的喜好进行打结创作，最后安装耳钉即可

3.2　树脂类首饰

　　■　谢白，冰山生灵，树脂、玻璃、羽毛、925 银

■ 言漫江，树脂材质首饰

3.2.1 树脂的常用工艺操作方法

树脂是综合材料首饰创作中经常用到的材料，它以优异的性能和超高的性价比而深受设计师们的喜爱。

我们经常用到的主要是环氧树脂，它在未加工前是两种透明的液体形态，所以俗称水晶滴胶、AB 胶等。当进行工艺操作时，按照 A：B 体积比例 1：2.5 来混合两种液态胶（或按照胶水品牌说明书上的配比比例进行操作），均匀混合后静置 12 小时以上，树脂即凝结成固体，36 小时后达到最坚硬状态。设计师通常在树脂还没凝固的时候放进其他材质，如干花、贝壳、木头、纤维、金属件等，到凝固时，树脂就会像琥珀一样，将物品封存在里面。有专门的化学色精可以给透明的树脂添加颜色，选择需要的色精颜色，在树脂还未凝固前放入搅拌即可。放入色精的树脂，会产生如同彩色玻璃的半透明效果。如果想制作不透明的树脂，需要放入色膏进行均匀混合。

3.2.2　树脂类首饰设计制作

1. 冰山生灵（示范：谢白）

■ 谢白，冰山生灵·奥林波斯山，耳饰，树脂、羽毛、玻璃、925 银

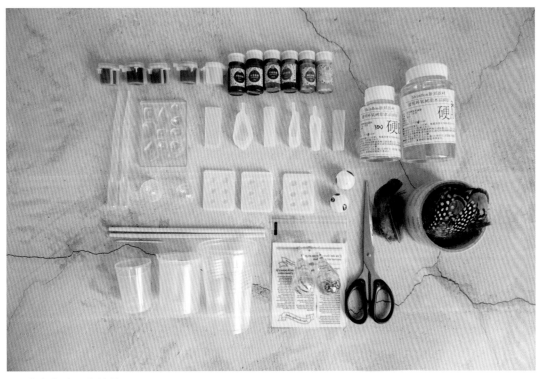

■ 冰山生灵工具材料

准备工具材料：一次性杯子、一次性筷子、塑料袋、剪刀、量具、AB 树脂胶、B-6000 胶水、玻璃球、羽毛、金属配件等。

1

将塑料袋修剪成圆锥形，并制作出褶皱感，注意将塑料袋底部圆形的直径修剪为略小于玻璃球的直径

2

运用较为精准的电子秤，按 AB 树脂胶说明书所述的比例配比胶水

3

将配比好的 AB 树脂胶倒入同一个一次性杯子中搅拌均匀。请顺时针搅拌过后再逆时针搅拌，注意一定要均匀，不然会影响到两种胶水的反应，导致作品不能凝固

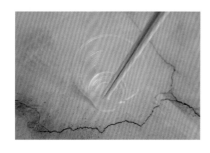

4

稍作静止，让 AB 树脂胶的气泡自动消除

5

用牙签将羽毛装入玻璃球中

6

将气泡消除过后的 AB 树脂胶导入准备好的圆锥形塑料袋中

7

将装有羽毛的玻璃球放在盛有 AB 树脂胶的圆锥上面，凝固 12 小时

8

12 小时过后，撕去塑料袋，取出已经凝固的半成品；此时 AB 树脂胶并未达到最坚硬的状态，还有一定弹性

9

该胶水一般需要 36 个小时达到最坚硬的状态；趁胶水未完全变硬前用剪钳将尖锐的"冰山"尖剪掉

10

用锥子或手钻打孔，切记孔不要打得过大

11
涂上胶水，装入金属配件进行固定

12
制作完毕

2. AB 树脂胶着色及模具使用方法

1
在配比好并搅拌均匀的 AB 树脂胶中加入色膏或色精，为其着色，如果希望颜色饱和度高一些可选择色膏，如需透亮效果，可选择色精

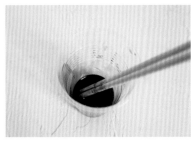

2
加入适量色膏进行均匀搅拌

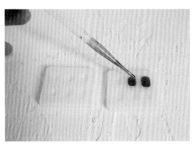

3
可选取需要的硅胶模具进行制作，用一次性塑料滴管注入胶水

4

12 小时后可进行脱模

5

最后将宝石边缘稍作修剪打磨，树脂宝石即制作完毕

■ 谢白，冰山生灵，树脂、玻璃、羽毛、925 银

3. 暖阳·无火仿珐琅耳饰（示范：吕洋）

■ 吕洋，暖阳，无火仿珐琅耳饰

■ 暖阳工具材料

准备工具材料：硬纸板（或透明塑料板）、胶带、金属片、棉签、竹签、丙烯颜料、白乳胶、针筒2个、量杯、高透AB树脂硬胶、颜料盒、尖嘴钳、耳钩配件。

1

将硬纸板粘上透明胶带

2

将丙烯颜料挤入颜料盒，准备棉签，用于沾取颜料涂抹在金属片上

3

可以混合丙烯颜料调出喜欢的颜色再用棉签上色

4

上好色以后将金属片置于粘有胶带的纸板或者透明塑料片上

5

将乳胶沿金属边挤一圈

6

静置等待丙烯颜料风干

7

准备两个针筒用于取 AB 树脂硬胶

8

准备高透 AB 树脂硬胶

9

针筒按照体积比 1：2.5 取胶，放入
量杯顺时针用竹签搅拌均匀，然后
静置等待气泡消散

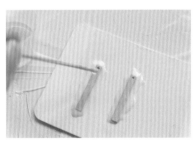

10

用竹签沾取调配好的 AB 树脂硬胶涂抹在有丙烯的金属表面

11

静置 24 小时后 AB 树脂硬胶硬化，
将边上的乳胶撕开

12

仿珐琅效果金属配件即制作完毕

13

拿出尖嘴钳和耳钩配件

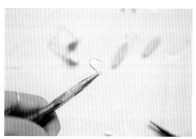

14

用尖嘴钳掰开耳钩

15

连接金属与耳钩，再合拢即可

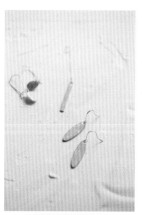

16

此款首饰即制作完毕

■ 吕洋，路易，树脂巴洛克胸针

3.3 软陶类首饰

■ 陈玮维，ME TOO WORKSHOP，月之流水，软陶首饰

■　谢白，窗台上的风景，软陶首饰

3.3.1　软陶的化学物理性能及常用工艺操作方法

软陶英文名为 Modeling clay、Oven-bake clay、Polymer clay 等，学术名为聚合体黏土（Polymer clay），它的组成包括聚氯乙烯、无机填料、软化剂、稳定剂、润滑剂、着色剂和固色剂等。软陶起源于第二次世界大战之后的欧洲，是一种 PVC 人工低温聚合材料，有生动的塑形功能和缤纷的色彩，可塑造千变万化的形状和图案，烘烤加热后可定型。

软陶可通过揉捏、配色、塑形、运用模具、创造肌理等方法，制作出有趣的首饰作品。塑形完毕后需要将软陶定型，通常用烘烤或水煮加热的方式来进行。没有烤箱的朋友，可以使用水煮定型法。将软陶作品放入冷水中进行加热，注意，最好使用纯净水，因为自来水中含有碳酸钙，可能会使水垢附着在软陶表面。水烧开后，根据作品大小持续水煮 10 ～ 20 分钟，等水温自然冷却，再将作品取出。水煮的时候需要用文火慢慢升温，关火后也需慢慢降温，以免软陶冷热差距较大造成开裂。如一次定型硬度不足，可再重复进行以上步骤。

目前，烘烤定型法是最适合软陶制作的，省时省力且成功率高，只需要一台烤箱即可。将软陶作品放入烤箱中，设置烘烤温度为 110℃ ~ 150℃，烘烤 5 ~ 10 分钟，等炉温自然降至室温后再将作品取出，降温时可将烤箱门打开几次散热，切记不要立刻将作品取出，应缓慢升温和降温，以免软陶温度变化过快而导致开裂。进行过软陶烧制的烤箱，最好不要再烘烤食品。

3.3.2 软陶类首饰设计制作

1. 旋转·软陶耳饰（示范：陈玮维）

■ 陈玮维，旋转，软陶耳饰

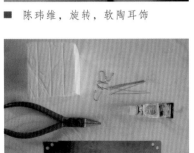

■ 尖嘴钳、尺子、万能胶、软陶泥、耳饰配件

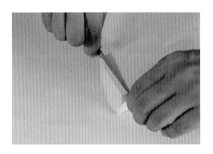

1

从大块软陶泥上切下适量陶泥

2

揉和陶泥

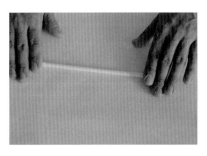

3

搓成条状，注意粗细尽量均匀

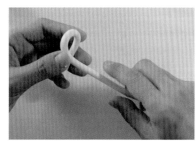

4

转成旋转的圈

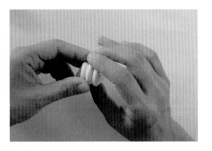

5

均匀地转成收紧的弹簧状态

6

再将陶泥拉成适合的螺旋状，并切
下多余的泥

7

放入烤箱烤制 10 分钟左右

8

取出硬化后的软陶进行打磨，可选择 1000 目以上的细砂纸

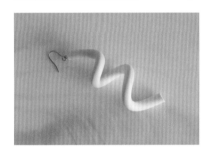

9

安装好需要的耳饰配件，作品即制作完毕

2. 消失的贝壳·软陶耳夹（示范：陈玮维）

■　陈玮维，消失的贝壳，软陶耳夹

1

将白色的软陶泥切成薄片

2

加入适量软陶颜料，与泥进行搅拌

3

把泥揉成整块，并塑造出自己想要
的形状

4

放入烤箱中烤制 10 分钟，使软陶凝
固成型

5

软陶放凉之后用砂纸打磨表面多余的黑色颜料，注意需要由粗至细进行打磨

6

最后用 AB 胶粘上耳夹配件，作品即制作完毕

可根据自己的喜好调整加入颜色的多少，如果想多留一些纹路的话，在和泥的时候注意不要搓揉太过均匀即可。

■ 陈玮维，ME TOO WORKSHOP，结，软陶项链

3.4 木质品类首饰

■ 邵广慧，手工木偶集

■ 谢白，沙漠之花系列作品，紫光檀、斑马木、微凹黄檀、红檀、沉贵宝、
天然珍珠、925 银镀金

　　天然木材是大自然的宝藏，不同种类的木材具有不同的天然色彩，红木等硬木材料经常用于首饰设计制作中。由于首饰尺寸较小，我们通常可以购买红木家具的边角料来制作，性价比非常高。木质首饰的制作大多以冷工艺为主，运用锯弓、锉刀、木工胶、打磨抛光等工具即可制作。

■　邵广慧，手工木偶集

1. 花器木戒（示范：邵广慧）

■　邵广慧，花器木戒

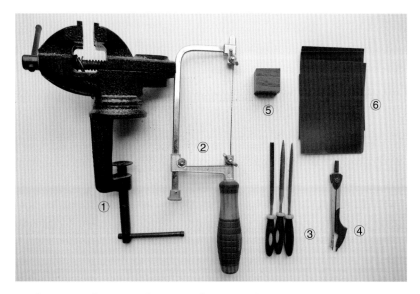

■　①台钳；②线锯；③锉刀；④圆规；⑤黑胡桃木 30mm×30mm× 20mm；⑥砂纸 400 目、800 目、1200 目

1

准备 4 种型号的雕刻刀，从左至右分别为：6mm 深圆刀、2mm 三角刀、8mm 浅圆刀、10mm 三角刀

2

按照参考效果图，在准备好的戒指木料上大致画出戒指内圈和侧面形状

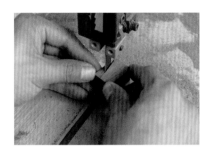 

3

用带锯锯去侧面多余的部分（带锯危险，非专业人员应请专业人员或有操作经验的人代锯）

4

画出戒指内圈与外圈的轮廓线

5

用台钻或手钻先在戒指内圈打孔，方便线锯的锯条穿入，然后沿着画好的线用线锯锯除内圈多余的木料

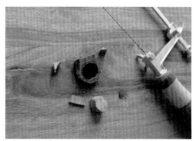

6

沿戒指外圈所划的线锯除多余木料

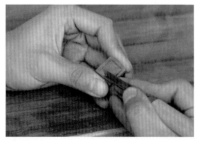

7

用锉刀将戒指轮廓慢慢锉至接近效果
图样

8

用 4 号刻刀将戒面上需要挖掉的区
域刻出

9

用 1 号刀继续将界面的下陷部分修
整完善

10

用 3 号刀将戒面四周修整完善

11

用 4 号刀在离戒面 4mm 左右处刻出一圈凹槽，然后将凹槽继续加深 2~3mm

12

用 3 号刀除去凹槽以下的木料，并将戒指通体修整光滑

13

依次用 400 目、800 目、1200 目砂纸将戒指内圈打磨光滑

14

制作完毕的戒指整体造型如上，可以在凹槽中放入有趣的花草和苔藓

2. 小耳朵木熊仔吊坠 / 摆件（示范：邵广慧）

■ ①双边斧头；②直角尺；③雕刻刀；④木刻刀；⑤线锯；⑥铅笔、橡皮；
⑦小熊各部位木料（小熊头部料樱桃木，30mm×30mm×60mm；小熊
耳朵料黑胡桃木，6mm×4mm×60mm，两根；小熊躯干料黑胡桃木，
30mm×30mm×60mm；小熊脚料黑胡桃木，10mm×10mm×60mm，
两根；小熊手料黑胡桃木，6mm×6mm×60mm，两根）

1

准备 6 种型号的雕刻刀,从左至右
依次为: 6mm 挖刀、12mm 中圆刀、
6mm 深圆刀、8mm 深圆刀、6mm
浅圆刀、3mm 深圆刀

2

取小熊躯干料,用直角尺量出木料
中线 3cm,在此处画出线条

3

用双边斧头按照小熊躯干的形状大
致劈去部分木料,注意不要劈多了,
每步都需要留有余地慢慢调整

4

用 5、4、3、2 号雕刻刀雕至满意
的形状

5

用带锯沿着中线锯去多余的部分,
之后再用 5、4、3、2 号刻刀雕刻
至满意的形状

6

用铅笔在连接脚和手的部位做好
标记

7

小熊头部同理可得

8

用 4、3 号刻刀挖出小熊腿部与躯干连接处的半球形，凹槽，直径约 10mm，完成后备用

9

用 6、4、3 号刻刀挖出头部与躯干连接处的半球形凹槽，大小需要与小熊躯干上半部的弧度契合

10

用 1 号刻刀挖去头部与耳朵连接处的小半球形凹槽，直径约 3mm，完成后备用

11

取小熊大腿料，用 5、2 号刻刀雕刻至满意形状

12

用雕刻刀的尖部将腿部的细节再修整

13

在大致 18mm 处用线锯锯下。

14

用 2 号刻刀继续修整至满意形状，应与小熊躯干的腿部凹槽处契合。同理可得小熊手、耳朵，完成后备用

15

用台钻在小熊躯干、头部、腿、手、耳朵上的合适部位打孔

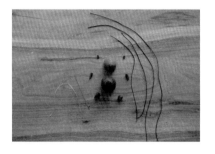
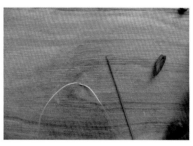

16

取两根 30cm 左右，直径为 0.8mm 的白心弹力绳和两根 15cm 左右，直径为 0.8mm 的黑心弹力绳，用于连接小熊身体的各部件

17

准备小于 1mm 口径的钩针和细钢绳，用于穿引弹力绳

18

如图连接好各部件后，将各部件拉紧调至合适的弹力状态并打死结，然后剪去多余线头，留下约 2mm 左右，用打火机快速熔结，注意小熊眼睛打结的方向要对称

　　注：头部和躯干打孔的直径为 2.5mm，腿部和手部孔的直径为 1.5mm，眼睛孔的直径为 1mm。需要用到直径 1mm、1.5mm、2.5mm 的钻头，打孔遵循由小到大依次扩孔的原则，避免打烂孔口影响美观。

19
制作完毕

20
可以在小熊身上打一个牛鼻子孔，当作项链或者挂件

■　邵广慧，木偶集

3.5　混搭材质类首饰

■　谢白，冬日欢歌，天然松果、蕾丝、环保皮革、橡胶制品、膨化塑料、金属配件、陶瓷配件

　　综合材料首饰的创作需要对材质进行"跨界"搭配，这并不等于简单的组合，不同材质结合后要产生 1+1＞2 的效果。如果"跨界"后反而削弱了作品整体的表现力，那么就需要对材质搭配进行更深入地调整研究。

　　在制作首饰时，一般不会用到建筑材料这类感知上较"硬"的材料，但这类非常规的材料，也可以进行材质混搭的首饰实验制作，或许会收获意想不到的趣味效果。

1. 钻石梦·水泥、丙烯耳钉（示范：吕洋）

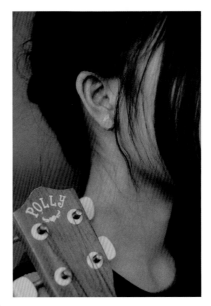

■ 吕洋，钻石梦，耳钉，水泥、丙烯

■ ①高标灰水泥；②细白砂；③勺子；④丙烯颜料（可以选择自己喜欢的颜色）；⑤硅胶模具；⑥平头笔刷；⑦清水；⑧竹签；⑨量杯；⑩纸胶带；⑪爪镶耳钉托

1

将水泥与细白砂以 2 ∶ 1 的比例混合
置入量杯中

2

用竹签在量杯中搅拌，使其混合均匀

3

置入少量清水，搅拌至泥状（若水
加多可以再放一些水泥调和）

4

用竹签沾取水泥置于模具中

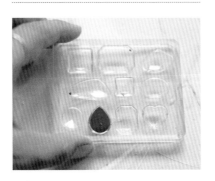

5

摇晃模具使水泥均匀铺开

6

将爪镶嵌戒指托放在水泥里

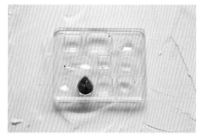

7

令爪托前部被水泥全部覆盖

8

等待 24 小时，水泥干后脱模

9

持续浸水 4~5 天，使水泥牢固

10

剪一小段纸胶带

11

覆盖水泥不上色的部分

12

用平笔刷沾丙烯颜料涂色

13

上好色后稍等几分钟，风干丙烯颜料

14

撕开纸胶带

15

钻石水泥耳钉即制作完毕

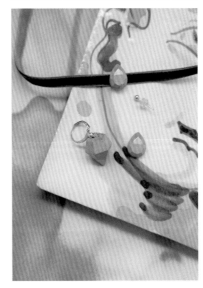

16

还可以运用不同的模具制作各种款式水泥基底材质的首饰，如用水泥灰质感搭配金箔，低调且精致

2.路易·水泥、纺织、材料古董娃娃胸针（示范：吕洋）

■ 吕洋，路易，古董娃娃胸针，水泥、纺织材料

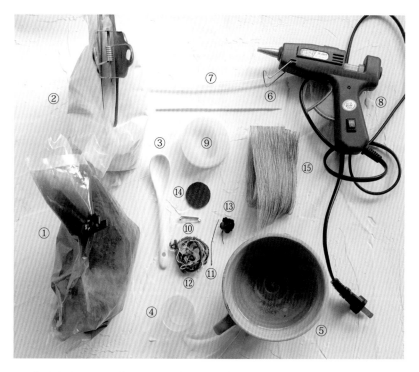

■ ①高标灰水泥；②白细砂；③茶匙；④量杯；⑤清水；⑥竹签；⑦热熔
胶；⑧热熔胶枪；⑨人脸硅胶模具；⑩镀金胸针；⑪细铁丝；⑫彩色毛线；
⑬纸花；⑭无纺布片；⑮雪纱带

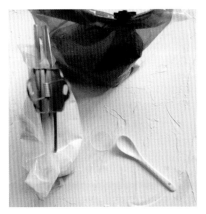

1

准备茶匙、量杯、水泥、白细砂

2

将水泥和细砂以 2 ∶ 1 的比例盛入量杯

3

用竹签混合均匀

4

加入适量清水，呈黏稠泥状，如果
水加多可再加一点水泥调和

5

搅拌混合水泥

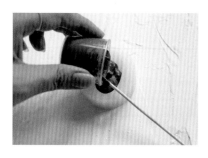

6

将水泥倒入模具中

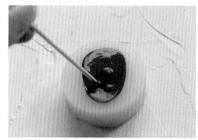

7

摇晃模具让水泥均匀铺开，用竹签按压鼻子、嘴巴等细节处，确保填满，以免出现气孔

8

静置 24 小时左右，等待其全部干透

9

将水泥从模具中取出

10

浸水晾干，再浸水 4~5 天，使水泥牢固

11

在无纺布圆片 1/3 处折后用剪刀剪 2 个口

12

将胸针穿进无纺布片

13

取 14cm 长的雪纱带，左右对折

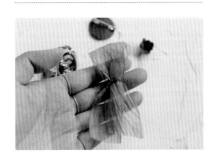

14

将铁丝绑在雪纱带中间

15

打开热熔胶枪预热

16

用热熔胶将无纺布片与胸针固定

17

在雪纱带铁丝处上胶，将其粘贴于
布片上

18

将毛线绕成圈状放在雪纱带上

19

把水泥娃娃脸背面涂满热熔胶

20

将水泥娃娃脸粘贴在布片上并用胶
填满缝隙处使其牢固

21

在玫瑰花托处上胶，一并粘贴于水泥娃娃脸上

22

整理一下毛线和雪纱带，即制作完毕

参考书目

[1] [英]安娜斯塔尼亚·杨（YOUNG A）.首饰材料应用宝典[M].张正国，倪世一，译.上海：上海人民美术出版社，2016.

[2] [美]简尼·贝尔（Bell C J）.欧美珠宝首饰鉴赏与收藏（1840—1959）[M].杨梦雅，译.北京：人民邮电出版社，2013.

[3] 滕菲.梅香[M].四川：四川美术出版社，2018.

[4] 滕菲.十年·有声中央美术学院与国际当代首饰[M].北京：中国纺织出版社，2012.

[5] 汪正虹.可佩戴雕塑——身体、空间、器物研究[M].2013.

[6] Gijs Bakker 设计师网站 www.gijsbakker.com

[7] Ruudt Peters 设计师网站 www.ruudtpeters.nl

后　　记

　　"创饰技"这套书籍从酝酿到出版历时 6 年，终于在虎虎生威的壬寅年与大家见面了，再次感谢为本套书籍出版提供支持的各位师长、艺术家和手工艺人们；感谢我的至亲，世界上最好的母亲白金生女士、父亲谢周强先生，感谢你们对我无微不至的照顾与教导，我会牢记与大家的约定：开心学习，快乐生活！

　　书籍从内容文字、案例图片到后期排版、封面设计、插图绘制，期间一遍又一遍地斟酌修订，凝聚了我踏入首饰专业十多年来的知识精华，希望能将首饰文化艺术的魅力与技艺带给更多的朋友。让我们拿起小小的工具，跟随"创饰技"的步伐，创造出属于自己的专属首饰吧！

　　　小小火焰力量大，
　　　能把黄金来融化。
　　　浇灌模具铸造型，
　　　基础工作全靠它。

　　　小小卡尺不离手，
　　　精益求精记心头。
　　　创新理念常相伴，
　　　完美首饰跟你走。

小小虎钳手中拿，
串串手珠盘天下。
瑰宝之中代代传，
弘扬五千年文化。

小小秘籍手中握，
珠宝首饰小百科。
艺术创作圆君梦，
丰富精彩创饰技。

　　如果想获取更多关于珠宝首饰的知识与交流，请微信搜索"csj2022bgc"，关注公众号"创饰技白工厂"；豆瓣搜索关注"白大官人"；新浪微博搜索关注"白大官人的白工厂"，让我们在"创饰技宇宙"中相聚遨游！

issis

谢白
壬寅年正月于沪上

授课教师扫码获取
本书教辅资源